西南大学教育学部
现代教育文库

基于个人计划分析的
意志行动研究

汪 宏 著

人民出版社

图书在版编目（CIP）数据

基于个人计划分析的意志行动研究 / 汪宏 著. —北京：人民出版社，2019

ISBN 978-7-01-020858-9

Ⅰ.①基… Ⅱ.①汪… Ⅲ.①意志－研究 Ⅳ.①B848.4

中国版本图书馆CIP数据核字(2019)第095534号

基于个人计划分析的意志行动研究

JIYU GEREN JIHUA FENXI DE YIZHI XINGDONG YANJIU

著　　者：汪 宏
责任编辑：阮宏波　韩 悦
出版发行：人 民 出 版 社
地　　址：北京市东城区隆福寺街99号
邮政编码：100706
印　　刷：廊坊市海涛印刷有限公司
版　　次：2020年1月　第1版
印　　次：2020年1月　河北第1次印刷
开　　本：710毫米×1000毫米　1/16
印　　张：16.25
字　　数：210千字
书　　号：ISBN 978-7-01-020858-9
定　　价：69.00元
销售中心：(010) 65250042 65289539

目　　录

序　言

　　人们常常用坚强的意志来描述那些具有持之以恒、不怕困难、勇于与艰难困苦做斗争精神的人。事实上，无论是从古代和现在或社会和个人来看，意志历来都是一个备受关注的话题。

一、意志与中国传统文化

　　中国传统文化特别强调意志的作用和意志的培养。历代均有众多与意志和意志培养有关的记述。例如，许多脍炙人口的典故传说就反映了意志精神的内涵，"精卫填海""愚公移山""卧薪尝胆""饮雪吞毡"等妇孺皆知的故事早已成为人们励志修身的经典范例。古人意志精神的践行，使意志成为人们克服困难的不竭精神力量，为后世的人们树立了应对挫折的典范。古代许多卓有成就的名人正是历经了无数的磨难和艰辛，才凭借着坚强的意志最终体验到成功。孔子曾经"发愤忘食，乐以忘忧"；"文王拘而演《周易》"；屈原因被放逐才成就了《离骚》；司马迁忍辱负重、发愤修史，才写下了千古巨著《史记》，这些都体现了刚毅的意志品格和积极进取的人生态度对成功的重要性。

　　中国传统文化对意志精神的重视，是祖先留给我们的一笔宝贵财富。以"天行健，君子以自强不息"（《易经》）思想为代表的、提倡刚健有为、奋发进取的意志精神，至今仍然是鼓舞中华民族不断进取的不竭精神动力；"富贵不能淫，贫贱不能移，威武不能屈"（《孟子·滕文公下》）体现了做人的志气和气节；"锲而舍之，朽木不折；锲而不舍，金石可镂"（《荀子·劝学》）则倡导了在学习中坚持不懈的意志精神。这些都是我们应该继承和发扬的优秀传统文化。

孟子说："舜发于畎亩之中，傅说举于版筑之中，胶鬲举于鱼盐之中，管夷吾举于士，孙叔敖举于海，百里奚举于市。故天将降大任于是人也，必先苦其心志，劳其筋骨，饿其体肤，空乏其身，行拂乱其所为，所以动心忍性，曾益其所不能。"（《孟子·告子下》）一个意志坚毅的人，不管环境是多么的恶劣，都能够勇敢地面对困难，积极应对，毫不退缩，这种"三军可夺帅也，匹夫不可夺志也"（《论语·子罕》）的气概，正是意志精神的最好体现。

对意志的研究，既可总结传统文化中蕴涵的意志精髓，又可继承和发展这种优秀文化，使之发扬光大，更好地为今人所用。

二、意志与时代要求

古代的社会，虽与当今的时代不可同日而语，但即使是在高度信息化的今天，对意志培养的要求非但没有减退，反而更为急迫。在和谐社会的创建中，意志的作用更为重大。和谐社会由一个个和谐的人组成的，一个和谐的人必然是能够较好地适应社会的人，而是否具有不怕困难而积极进取的品质也是能否适应变革社会的重要条件。

"自古雄才多磨难。"在艰难困苦面前，不同的人有着不同的应对方式，而胜利只对那些不畏艰险、勇于拼搏的人微笑。人在一生中会面临各种困难，但在如何对待困难的态度和行为上却因人而异。生活中我们常常会看到这种现象：不同的人在面临逆境、不幸或困难时的表现和结果往往不同，有的人乐观应对，对克服困难充满信心，一如既往，坚持到底，最后顺利渡过难关，实现自己的人生目的；有的人在困难打击面前却悲观失望，垂头丧气，一蹶不振，从此意志消沉，一无所成。人的一生不可能总是一帆风顺，平平坦坦的，每个人都是在面对一个又一个的困难和挫折中成长起来的。因此，在成长中学会如何应对逆境和挫折，不仅对个人的发展具有重要意义，对社会变革也起着间接的推动作用。

当前，我们正处在社会发展和经济转型的关键时期，处在一个竞争异常激烈的时代，竞争的加剧必然使人们面临更大的压力和困难，从而考验人们适应社会的能力。在这种形势下的和谐社会的创建，固然也需要脚踏实地、任劳任怨、甘于奉献的劳动者，但更离不开具有开拓、拼搏精神的创新型人才。社会的竞争需要具有坚强意志品质的人，具有坚强意志品质的人又能够更好地适应社会。因此，当前构建和谐社会的真正涵义，正是要培养一个个敢于面对挑战、勇于克服困难的人。只要竞争的环境一直存在，这种拼搏坚韧的精神永远都是社会发展和进步的不竭动力。

三、意志与政府倡导

从个人层面来讲，意志有利于实现个体自己的奋斗目标；从集体层面来说，意志精神总是在国家的意义上扮演着提升民族凝聚力、鼓舞民众斗志的重要作用。从"自力更生，艰苦奋斗"的号召到"自强不息，拼搏不止"的倡议，提倡和弘扬坚忍不拔的意志精神一直都是政府倡导的主题。正因为如此，历届政府一直十分重视意志精神在道德建设中的作用。中共中央于2001年公布和实施了《公民道德建设实施纲要》，这是中华人民共和国建立以来第一个关于公民道德建设的纲领性文件。《纲要》明确提出了"爱国守法、明礼诚信、团结友善、勤俭自强、敬业奉献"的"二十个字"的十个基本道德规范。这个文件中提到的自强，既是一种道德规范，也被看作是一种不怕困难、勇于拼搏的意志精神。国家政令对自强民族精神的重视，实际上从集体层面表达了对振奋民族精神的一种期盼和号召，是对勇于奋斗、敢于拼搏的积极向上的态度的弘扬，是民族坚强意志的集中体现。

政府对意志的关注，尤其体现在对青少年的意志培养方面。青少年的成长，不光是家庭的希望，也关乎国家和民族的未来。是将青少年培养成勇于探索、开拓进取、与时俱进的一代具有竞争、创新精神的人，还是任由其安于现状、不思进取、因循守旧？这是一个国家、一个民族不得不面对的生存和发展的问题。因此，历届政府对青少年的意志培养问题都十分重视。1999年，中共中央国务院发布《关于深化教育改革，全面推进素质教育的决定》，决定要求，"进一步改进德育工作的方式方法，寓德育于各学科教学之中，加强学校德育与学生生活和社会实践的联系，讲究实际效果，克服形式主义倾向。针对新形势下青少年成长的特点，加强学生的心理健康教育，培养学生坚韧不拔的意志、艰苦奋斗的精神。"[①]

　　培养青少年的意志品质，不仅是道德教育的要求，也是青少年身心发展的需要。"广大青少年身心健康、体魄强健、意志坚强、充满活力，是一个民族旺盛生命力的体现，是社会文明进步的标志。"[②] 因此，意志培养的理念，既需要通过政府倡导素质教育来宣传贯彻，又需要鼓励从具体的途径，例如体育锻炼来培养青少年强健的体魄、坚强的意志和昂扬的精神，将意志培养与切实加强学校体育工作结合作为实施素质教育的重要切入口。

四、意志与心理健康

　　意志是衡量心理健康的一个重要标准。心理健康被理解为一个连续体，连续体的一端是最佳的心理健康行为，另一端是最差的心理健康行为，也就是心理疾病或心理障碍。研究发现，一些有心理疾病的患者

---

① 《中共中央国务院关于深化教育改革，全面推进素质教育的决定》，1999年6月13日，见 http://www.moe.edu.cn/publicfiles/business/htmlfiles/moe/moe_177/200407/2478.html。
② 《政治局强调加强青少年体育工作和网络文化建设》，2007年4月23日，见 http://www.chinanews.com/gn/news/2007/04-23/922241.shtml。

（例如忧郁症患者）在参与有动机及有意义的职能活动时，可能会伴有动机低落从而造成适应功能的障碍。这种心理有疾病的患者意志水平不高，因而表现出在面对有目的的职能活动时的动机低落现象。[1] 而另一项对大学生的调查也发现，大学生追求和渴望形成健全人格，这种理想人格则是意志坚强的一种内在表现。[2]

意志也是健全人格（Full – developed Personality）研究中的重要课题。健全人格研究是具有中国特色的人格心理学研究领域之一。健全人格具有以下特征：对世界抱开放态度，乐于学习和工作，不断吸取新经验；以正面的眼光看待他人，有良好的人际关系和团队精神；以正面的态度看待自己，能自知、自尊、自我悦纳；以正面的态度看待过去、现在和未来，追求现实而高尚的生活目标；以正面的态度对待困难和挫折，能调控情绪，心境良好。健全人格的人就是一个能以辩证的态度对待世界、他人、自己，过去现在和未来，顺境与逆境，是一个自立、自信、自尊、自强、幸福的进取者。[3] 在健全人格的组成要素中，意志发挥着重要的作用，这是因为健全人格的塑造过程就是自我在应对困难和挫折中的一个调适的过程。在这一过程中，个体的意志对健全人格的形成起着协调的核心作用。离开了意志的作用，个体连基本的日常生活都无法进行，更不用说成为一个自立自强的人了。

---

[1] L. Florey, "Intrinsic Motivation: The Dynamics of Occupational Therapy Theory", *American Journal of Occupational Therapy*, Vol. 23(1969), p. 319; J. P. Burke, "A Clinical Perspective on Motivation: Pawn Versus Origin", *American Journal of Occupational Therapy*, Vol. 31, No. 4(1977), pp. 254 – 259; S. Doble, "Intrinsic Motivation and Clinical Practice: The Key to Understanding the Unmotivated Client", *Canadian Journal of Occupational Therapy*, Vol. 55, No. 2 (1988), pp. 75 – 80.

[2] 黄希庭：《压力、应对与幸福进取者》，《西南师范大学学报（人文社会科学版）》2006 年第 3 期。

[3] 黄希庭：《再谈人格研究的中国化》，《西南师范大学学报（人文社会科学版）》2004 年第 6 期。

事实上，自一个世纪前对心理学核心内容的知、情、意三类划分以来，[1] 随着行为主义的逐渐流行，对意志的研究几乎完全被忽略了。知和情的概念结构因为心理学认知革命而进行了修改，从而具有了可操作性的特点，相关的实证研究也得以大量开展。[2] 然而，对意志的研究却并未因此得到多大的改观，以现代理论和实证的研究方法对意志进行系统研究几乎就是一片空白。[3] 意志如此重要，对意志的研究却如此贫乏，这无论对社会现实和学科发展而言都是一种缺憾。因此，如何借鉴以往意志研究的相关成果，找到一个意志的实证研究突破口，并将其与意志培养结合起来，正是本书的出发点和目的。

意志是一个在日常生活使用非常频繁的词语。人们常用"意志坚定""意志坚强"来形容那些为了实现目标而表现出具有韧性、耐力和拼搏精神的人，而用"意志薄弱""意志颓废"来描述那些优柔寡断、经受不起困难和挫折的人。许多名人之所以能够取得成功，与他们坚忍不拔的意志有很大的关系。古希腊著名的大哲学家苏格拉底在招收学生时，曾要求他的学生们每天坚持做300次往前和往后甩胳膊的动作，然后分别在一个月、两个月和一年后询问学生们是否坚持做这个任务。百分之九十的学生在一个月后能够坚持完成这一任务，百分之八十的学生在两个月还能够坚持，但一年以后，这看似十分简单的任务就只有一个人能完成了，他就是古希腊另一位伟大的哲学家柏拉图。前苏联作家奥

---

[1] E. R. Hilgard, "The Trilogy of Mind: Cognition, Affection, and Conation", *Journal for the History of the Behavioral Sciences*, Vol. 16 (1980), pp. 107 – 117.

[2] P. Ekman, "Expression and the Nature of Emotion", in *Approaches to Emotion*, K. Scherer & P. Ekman (eds), Hillsdale, NJ: Erlbaum, 1984, pp. 319 – 344.

[3] G. A. Kimble & L. C. Perlmutter, "The Problem of Volition", *Psychological Review*, Vol. 77(1970), pp. 361 – 384; B. J. Baars, "How Does a Serial, Integrated and Very Limited Stream of Consciousness Emerge out of a Nervous System That is Mostly Unconscious, Distributed, and of Enormous Capacity?" in *CIBA Symposium on Experimental and Theoretical Studies of Consciousness*, G. R. Brock & J. Marsh (Eds.), London: Wiley, 1993, pp. 282 – 290.

斯特洛夫斯基在双目失明、下肢瘫痪的情况毅然决定开始写作，在写作过程中他一直强忍疾病带来的剧烈疼痛，甚至后来他的病情恶化，手不能再写字时也没有放弃，最后终于完成了《钢铁是怎样炼成的》这一部影响巨大的作品。"成功学"创始人，美国著名的成人教育家卡耐基曾是一个自卑、忧郁的少年，在学校曾经受到其他同学的嘲笑，后来他立志通过演讲来证明自己的能力，于是他坚持将鹅卵石放在嘴里练习朗读，直至有时石头将舌头磨破了也不放弃，在经过十数次演讲比赛的失败后，他终于获得了成功，成为世界闻名的演讲大师。法国杰出的小说家凡尔纳在 40 多年的写作生涯中共记下了上万册笔记，写了 104 部科学幻想小说，他之所以如此高产，与他珍惜时间，废寝忘食的写作精神是分不开的。齐白石大器晚成，27 岁才开始学画，他在学习篆刻时用挑了一担础石进行练习，刻了磨，磨了刻，最终将一担础石化为了泥浆，他的篆刻艺术也渐渐达到了炉火纯青的境界。

在生活中，我们也可以举出一些典型的事例来说明意志的作用。例如，有的人在设定一个目标后，能够长期坚持下去，直至目标实现为止；有的人则会在遇到阻碍目标实现的困难时经不起困难的考验，最终放弃了目标。甚至一些我们认为是最平常的小事，也有意志的参与，例如，威廉·詹姆斯（William James）曾经对他认为是最能具体说明意志作用的一个生活例子做了生动的描述：

我们知道要在严寒的早晨，在一间没生火的房间里起床，是怎么一回事，并且知道在这时候，我们内心的命根多么不愿意受这种折磨。大概大多数人都曾在某些早晨一气躺着一个钟头，不能够鼓勇起来。我们想到我们会晚到多么久，本日应做的事会耽误到什么样子；我们说，"我必定要起来，这太不成话了，"诸如此类；可是温暖的床还令人觉得太可爱，外边的冷气太严酷了，并且正在起床的决心似乎快要冲破抵抗而发为坚决的行为之顷，它又衰微了，又一再迟延了。在这种情形之下，我们怎么样有一时候会起来呢？假如我可以由我自己的经验推出概论，我可以说：我们毫无奋斗或决心而起来比有奋斗而起来的次数更多。我们忽然发现我们已经起来了。凑巧我们有一会不在意；我们忘记了冷热，随便想到与本日生活有关的事，在这当中，我们突然想到，"呼！我一定不能再躺在这里了"——这一个意思在这个幸运之顷，没引起与它矛盾的或麻痹的暗示，所以就立刻发生它的适当的动作。当奋斗的时期，阻塞我们的活动，使我们起床的念头总还是愿望而不成意志的，是我们当时敏锐地觉得这种冷和这种暖的意识。这些抑制的观念一停止，原来的观念就实现它的效力了。①

在这个例子中，意志表现为对目标行动（起床）的推动作用和对受到的诱惑行为（躺在温暖的被窝）的克制作用。由此可见，意志可以左右我们生活中的许多行为，甚至在一定程度上可以影响、调控人们的奋斗目标。

意志究竟是什么呢？它与目标行动有什么关系？哪些因素可能影响到意志的实现？意志与意志行动有何关系？意志行动的结构是什么？有什么特点？如何锻炼和培养意志？接下来本书将一一探讨这些问题。

---

① ［美］W.詹姆士：《心理学原理（选译）》，唐钺译，商务印书馆 1963 年第 1版，第 342－343 页。

第一章

意志解析

意志这一概念，在哲学、心理学和其他学科中均有涉及，其意义有所不同。即使意志作为一个哲学概念，它也经常被定义成不同的形式。此外，中国文化背景下的意志内涵，又有其特定的涵义。

第一节　中国文化与意志

中国文化对意志的解释在成语中就有体现，例如水滴石穿、绳锯木断、百折不挠、锲而不舍，以及精卫填海、愚公移山、卧薪尝胆都是对意志力最为生动的写照。在古代汉语中，意志可作"志意"解，"志意"可单独作一个词解，也可以分开阐述，指个体为了实现某种目的，就要坚持不懈，以意志控制自己的行为。此外，在中国文化中，意志涵义还与另一个非常本土化的概念"自强"有密切的关系。

一、意志的涵义

中国古代汉语中把"意志"作思想解释。如《辞源》对意志的解释是"思想或志向"（《辞源》，第1142页），这一解释源自《商君书·定分》："夫微妙意志之言，上知之所难也。"晋代葛洪在《抱朴子外篇·自叙》中也说："既性暗善忘，又少文，意志不专，所识者甚薄，亦不免惑。"明代徐田臣在《杀狗记·断明杀狗》中也写道："被告的没理会，告状的失了意志。"这里的"意志"也是思想的意思。

中国古代文献有关"志意"或"意"和"志"的思想，即志气和志向，是与现代心理学的意志更为相近的概念。中国古代的志意观，"志"可表现为志向、志行、志功、志敢、志气、三心、志主、志人等方面，"意"则可表现为"未动而欲动""有主向""主于营为"等等方面，[①]其主要涵义指的是目的、方向以及为目的、方向努力的行为结果。

中国文化中有关"自强"的论述，也在一定程度上说明了意志的涵义。这个问题将在第二章讨论。

二、意志的特点

中国古代文献认为意志的特点主要包括两个方面。

第一，意志的目的性。人之所以为人，是因为人是有目的性的动物，人要成就大业，必须立志。因此立志对成就大业具有重要作用。"人无志，非人也。"（《嵇康集校注·家诫》）；"夫志，气之帅也；气，体之充也。夫志至焉，气次焉，故曰："持其志，无暴其气。"（《孟子·公孙丑上》）；"凡用血气、志意、知虑，由礼则治通，不由礼则勃乱。"（《荀子·修身》）。人若有志，小的方面"志意修则骄富贵，道义重则轻王公。"（《荀子·修身》）大的方面，"志意致修，德行致厚，智虑致明，是天子之所以取天下也。"（《荀子·荣辱》）"志意修，德行厚，知虑明，是荣之由中出者也，夫是之谓义荣。"（《荀子·正论》）"志意定于内，礼节修于朝，法则、度正乎官，忠、信、爱、利形乎下。"（《荀子·儒效》）荀子将志意与德行、道义和礼节相提并论，说明意志在每个人修身的过程中具有十分重要的作用；志意同时可以"骄富贵"而"轻王公"，说明一个人只要有志意，则贫贱不能移，威武不能屈，富贵不能淫。这种境界和蕴意正是自强所倡导的。志意甚至是天子之所以取天下的重要条件，说明志意对宏大目标的实现具有的重要作用。如果人没有志向，"志不立，天下无可成事，虽百工技艺，未有不

---

① 朱永新：《中国古代学者论志意本质》，《心理学报》1996 年第 2 期。

本于志者。……志不立，如无舵之舟，无衔之马，飘荡奔逸，终亦何所底乎？"（《王文成公全书》卷七十七）"人若不立志，只泛泛地自暴自弃，便同流合污，便做成甚么人？须是立志，以圣贤自期，便能卓然挺出于流俗之中，不至随波逐流，为碌碌庸人之辈。若甘心于自暴自弃，便是不能立志。"（《北溪字义·志》）"志之所以能立天下之事者，以其有志而已。"（《朱文公文集》卷七十七）孙思邈甚至认为"人有不得意志者，多生忿恨，往往自缢"。（《诸病源候论》卷二十三）

第二，意志的拼搏性和持久性。意志不光体现在目的性上，更重要的是要表现出按目的、志向的行动，并且坚持下去。意志的本质在于锲而不舍、水滴石穿、磨杵成针、绳锯木断。意志的持久性分为两个方面：坚持计划的事情，克制妨碍计划的事情。"人之为事，必先立志以为本，志不立则不能为得事。虽能立志，苟不能居敬持之，此心亦泛然而无主，悠悠终日，亦只是虚言。"（《朱子语类》卷十八）"有为者辟若掘井，掘井九轫而不及泉，犹为弃井也。"（《孟子·尽心上》）人做事若能持之以恒，则万事可成，若半途而废，则一事无成。正所谓"锲而舍之，朽木不折；锲而不舍，金石可镂"。意志除了要坚持已定的计划外，还要克制种种外界的干扰和诱惑，这是意志的另一方面。王阳明在讲到意志与学习的关系时，对此就做了深刻的描述："教人为学不可执一偏。初学时心猿意马，拴缚不定。其所思虑多是人欲一边。故且教之静坐息思虑。久之，俟其心意稍定。只悬空静守，如槁木死灰，亦无用。须教他省察克治。省察克治之功，则无时而可间。如去盗贼，须有个扫除廓清之意。无事时，将好色好货好名等私，逐一追究搜寻出来。定要拔去病根，永不复起，方始为快。常如猫之捕鼠。一眼看著，一耳听著。才有一念萌动，即与克去。斩钉截铁，不可姑容与他方便。不可窝藏。不可放他出路。方是真实用功。方能扫除廓清。到得无私可克，自有端拱时在。虽曰'何思何虑'，非初学时事。初学必须思省察克治。即是思诚。只思一个天理。到得天理纯全，便是何思何虑矣。"

（《传习录》）。这是对意志特征和涵义的生动而具体的描述。

第二节　西方哲学与意志

意志在中国古代汉语的原意与西方文化下的定义，尤其是西方哲学中的定义不尽相同。中国文化以"志""意""志意""自强"等词语来论述意志问题，其内涵虽有差异，但基本上表述的是志气、志向、要求、欲望、决心的意思，注重修身养性的人格修养。比较而言，西方哲学对意志（Volition 或 Will）的论证则更侧重于意志与世界本原的关系，更接近现代心理学的界定，观点上也有冲突。

西方哲学主要从精神、动机和自由三个方面来解释意志的意义。

一、意志即是一切

在看待意志与现实世界或物质世界的关系上，意志即是一切的观点认为物质世界由意志决定的，或者是意志的派生物，是另一个"真实"世界的反映。例如，柏拉图（Plato）认为"理念世界"是唯一真实的存在，是独立于具体事物和人的意识之外的实体，而由具体事物构成的"感性世界"则是由"理念世界"派生出来的不完善的"摹本"或"影子"；[①] 奥古斯丁（Augustine）主张上帝意志决定论，认为上帝的意志决定一切；[②] 康德（Kant）则将这种存在于人们感觉和认识之外的客观实体称之为"自在之物"（或物自体、物自身），它是现象的基础，人的感性认识是由于外物的影响作用才产生的，因此，物自体是感觉的

---

① 《柏拉图全集》（第二卷），王晓超译，人民出版社 2003 年版，第 507 – 514 页。

② Augustine, *On the Free Choice of the Will, on Grace and Free Choice, and Other Writings*, with an English translation by Peter King, Cambridge: Cambridge University Press, 2010, pp. 141 – 184.

基础。① 意志即一切的观点本质上是唯心主义的观点，即把真实世界看作是意志的产物和作用。

二、意志是一种内在动力

另一种观点将意志作为解释人类行为的一种力量。例如，叔本华（Schopenhauer）认为世界万物在本质上都是意志的表现，这个意志就是生存意志。生存意志是对物质条件和生活舒适的欲求，由此推动着我们的行为。但由于生存意志的追求永远无法得到满足，因此生存在本质上就是痛苦的。② 从这一点来说，叔本华的意志观具有悲观主义的色彩。尼采（Nietzsche）同样强调意志的内在动力的推动性，但与叔本华不同的是，尼采所说的意志不是消极、厌世的力量，而是充满生命力和创造力的意志，因此尼采将他的意志称之为强力意志（又译作权力意志）。强力意志就是生命意志，是最基本的驱力和一种内在动机性的行动。③ 强力意志推动着人的心理、文化等现象的产生，是一种本能的、自发的、非理性的潜在力量，它决定生命的本质和人生的意义。尼采主张用强力意志取代上帝的意志，他认为强力意志源于生命，是现实的人生。只要具有强力意志，成为精神上的强者，就能实现自己的价值。从这个意义上说，尼采的强力意志观肯定了人生的价值，这比叔本华"生存意志"的目标仅仅在于追求生存的解释的意义更为深刻，因为尼采认为人和事物的意志除了求生存以外，重要的还在于求强大、求优势、求自身超越。因此，那些屈从于伦理道德主张和为了取悦他人的行为都不是意志的表现，只有建立起自己道德体系或者只为取悦自己而行动的时

① ［德］康德：《未来形而上学导论》，庞景仁译，商务印书馆 1978 年版，第50 - 60 页。
② ［德］叔本华：《作为意志和表象的世界》，石冲白译，商务印书馆 1982 年版，第 429 - 431 页。
③ ［德］尼采：《权力意志》，张念东、凌素心译，商务印书馆 1991 年版，第 367 页。

候，意志才能真正发挥作用。

三、自由意志

关于意志是否自由的问题，哲学史上的认识经历了一个渐进的过程。古希腊哲学家在讨论意志问题时，并没有完全将自由与意志联系起来。例如，亚里士多德（Aristotle）认为有意志的行为就是那些基于自身欲求或冲动的行为，迫于外在压力的行为则是无意志的行为。^① 后来，自由虽然被作为人类意志的一种特性，但充满了消极的色彩。例如，奥古斯丁认为人有追求永远的真福和尘世的享受的倾向，意志自由就是在这两种意愿间进行选择的能力；人类有犯罪或不犯罪的自由，但却没有解脱罪恶的自由，解脱的自由只能来自上帝。因此，意志自由根本上是消极被动的。随着哲学中理性的发展，意志自由被认为是理性对感性认识的统治，但仍然基于感性世界，意志的自由仍然是被动的，例如洛克（John Locke）就认为自由是人按照自己的意志去行动的能力，是一种阻止欲望、不安的判断的能力。^② 直到康德，意志自由的能动性开始得到讨论，在道德法则前提下，意志自由被解释为绝对的、超越感性世界的存在；叔本华更将意志自由作为他的哲学的第一性存在，强调"生存意志"的自由创造的力量。

四、实践意志

实践意志论是马克思创立的辩证唯物主义的重要组成部分，它是在对以叔本华为代表的唯意志论的批判下建立起来的。实践意志论认为唯意志论虽然强调了人的意志的自主性、创造性，但它把意志本体化、完全非理性化、抽象化，因而，它对意志的本质及其能动作用的解释是片

---

① Aristotle, *On the Soul*, with an English Translation by W. S. Hett, Cambridge, Massachusetts: Harvard University Press, 1964, pp. 181 – 189.

② ［英］洛克：《政府论》，叶启芳、瞿菊农译，商务印书馆 2004 年版，第 16 页。

面的，也并没有真正超越西方知识论传统及近代的理性主义意志论。实践意志论认为，物质实践与意志不是"等同关系"或"平行关系"，它不是纯粹的意志行为的产物；相反，具有"客观现实性"和"社会历史性"的物质实践才是人的意志的来源和推动意志发展的根本动力，而且还是人的意志活动的最终目的和归宿。人的意志最终只有通过实践才能外化、对象化。因此，物质实践是意志的基础，脱离了物质实践的意志只能是"抽象的意志"。同样，实践作为人的有目的的"感性活动"，它也时刻不能离开意志，否则，它就只能成为"抽象的实践"。① 从这个意义上说，人的意志是自由的，但又不是自由的，意志自由是有条件的、历史的。因为人可以在一定条件下按照自己的意愿制定目标和行动，但人的行动同时又应当符合客观规律。

第三节　心理学与意志

西方哲学对意志的研究多集中在抽象地讨论意志的本质及能动作用上，心理学则倾向更为具体地探索意志与人的行为的关系，并以此来解释意志的作用。例如，将意志定义为"决定达到某种目的而产生的心理状态，往往由语言和行动表现出来"。②《韦氏大学词典》在 Will 词条上与意志有关的解释是：（1）意愿的行动、过程和经历，与 Volition 同义；（2）表现为愿望、决定和选择的心理力量；（3）基于原则和目的的行动倾向。③ Will 与 Volition 稍有差别，Will 是个体决定、选择和行动的能力；Volition 则是个体付诸其意愿的行动。利德认为 Will 是个含

---

① 张明仓：《实践意志论的基本特征及其在哲学史中的变革意义》，《宁夏社会科学》2001 年第 4 期；张明仓：《深化意志论研究的合理思路》，《哲学动态》2000 年第 8 期。
② 《现代汉语词典》，商务印书馆 1983 年第 2 版，第 1367 页。
③ *Merriam - Webster's Collegiate Dictionary (Tenth Edition)*, Springfield: Werriam - Webster Incorporated, 2001, p.1349.

义模糊的词，有时指意愿的能力，有时指能力的执行行为；但 Volition 的意义却很确定，就是指意愿的行动。①

一、意志是意识的功能

威廉·詹姆斯曾对意志进行了讨论，他认为意志是一种意识状态。詹姆斯将自我视为是意志的来源，认为意志主要是自我与个体心理的一种联系。当一个想法产生时，就像是某种电流与自我产生了联结一样，想法就变为行动了。② 詹姆斯同时认为，意志一词可以从广义和狭义两个方面来理解，广义的意志指挥着个体的一切活动，包括潜意识的反应和半自动的行为以及通过有规律重复而形成的半潜意识的行动；狭义的意志只是规定没有意识参与就不能实现的行动。③ 心理学辞典中也有类似的定义。例如，意志是"指个体趋向目标追求时的意识，即个体自知其所作所为的一切。"④ 这一观点强调意志是意识的能动作用。此外，还有一种概念对意志与大脑机制进行了联系，将意志看作是理智和情感的活动方面，是正常的大脑活动机能，正是因为大脑的这种机制，人可以控制自己的行为。⑤

意志通过意识发挥作用可以从随意动作（Voluntary Act）和不随意动作（Involuntary Act）的表现和区别来解释和分析。随意动作或随意运动是有一定目的和方向的动作或运动，受意识调节，不随意动作或不随意运动则不受意识调节，是无目的、无方向性的运动或动作。随意动

---

① T. Reid, "An Essay by Thomas Reid on the Conception of Power", *The Philosophical Quarterly*, Vol. 51, No. 202(2001), pp. 1 – 12.

② ［美］W. 詹姆士：《心理学原理（选译）》，唐钺译，商务印书馆 1963 年第 1 版，第 305 – 411 页。

③ W. James, "The Will", in W. James, *Talks to Teachers*, 1899, 见 http://www.des. emory.edu/mfp/tt15.html.

④ 《张氏心理学辞典》，台北东华书局 1992 年版，第 705 页。

⑤ A. 普尼：《意志理论的某些问题及运动中的意志训练》，载［苏］A. B. 彼得罗夫斯基主编：《心理学文选》，人民教育出版社 1986 年版。

作与不随意动作是心理层面而非外在行为上的两种不同的动作，例如口
误与对口误的重复，前者是不随意动作，后者则是随意动作。随意动作
与不随意动作的区别在于随意动作需要意志的参与，因而是一种控制的
反应；而不随意动作，尤其是与意愿相反的不随意动作本身就说明了是
对控制的缺失。① 对横纹肌或面部肌肉的研究发现，当皮层运动横纹肌
受损的患者不能做到有意识地微笑时，但却会在恰当的情景下不随意地
微笑；皮层下运动肌损伤的患者则表现相反，他们能够有意识地微笑，
但却不能在合适的情景下不随意地微笑。② 这说明，随意动作与不随意
动作与控制有关，是两种不同的动作，皮层控制具有随意性，而皮层下
控制则不具有。因此，那些诸如面部自然微笑一样的自动而发自内心的
动作并不受到随意的控制，而是自然而然地发生的，它们不受意识的调
节，因而这些动作也无须意志的参与。

二、意志是一种心理状态或心理过程

将意志定义为一种心理状态、心理现象或心理过程是心理学辞典或
心理学教科书中最常见的界定。例如，"意志是个体自觉地确定目的，
并据此支配和调节自己的行动，克服种种困难，实现预定目的的心理过
程"；③ "意志是人自觉地确定目的，并根据目的调节与支配自身的行

---

① B. J. Baars, "How Does a Serial, Integrated and Very Limited Stream of Consciousness Emerge out of a Nervous System that is Mostly Unconscious, Distributed, and of Enormous Capacity?" in *CIBA Symposium on Experimental and Theoretical Studies of Consciousness*, G. R. Brock & J. Marsh (Eds.), London: Wiley, 1993, pp. 282 – 290.

② W. E. Rinn, "The Neuropsychology of Facial Expression: A Review of the Neurological and Psychological Mechanisms for Producing Facial Expressions", *Psychological Bulletin*, Vol. 95 (1984), pp. 52 – 77; D. Matsumoto & M. Lee, "Consciousness, Volition, and the Neuropsychology of Facial Expressions of Emotion", *Consciousness and Cognition*, Vol. 2, No. 3 (1993), pp. 237 – 254.

③ 林崇德、杨治良、黄希庭主编：《心理学大辞典》（下），上海教育出版社 2003 年版，第 1555 页。

动，克服困难，去实现预定目标的心理过程"等。① 这种定义甚至广泛地被应用于社会科学理论描述乃至其至日常生活中。例如，"意志是决定达到某种目的而产生的心理状态。常以语言或行动表现出来。"② "意志是人自觉而有目的地对自己的活动进行调节的心理现象。"③

从心理学教科书对意志的界定来看（表1.1），意志的心理状态或心理过程的表现为：第一，意志与目标相联系，目标是意志的结构特点之一，由于意志的意识功能作用，目标可在意识层面表现为指导个体行为的内部心理表征；第二，意志需要克服一定的困难、阻力或障碍，无论是内部的还是外部的，自然的还是社会的，困难是意志存在的先决条件；第三，意志与努力、奋斗和拼搏相联系，即克服困难，这是意志的本质体现。

表 1.1 心理学教科书中对意志的几种典型定义

定　义	出　处
意志是人为了一定的目标，自觉地组织自己的行为，并与克服困难相联系的心理过程。	黄希庭：《心理学导论》，人民教育出版社2007年第2版，第496页。
意志是指一个人自觉地确定目的，并根据目的来支配、调节自己的行动，克服各种困难，从而实现目的的心理过程。	叶奕乾等编：《普通心理学（修订本）》，华东师范大学出版社1996年版，第218页。
意志是有意识地支配、调节行动，通过克服困难，以实现预定目的的心理过程。	孟昭兰主编：《普通心理学》，北京大学出版社1991年版，第364页。

---

① 朱智贤主编：《心理学大辞典》，北京师范大学出版社1989年版，第861页。
② 《汉语大词典》，汉语大词典出版社1993年版，第639页。
③ 《哲学大辞典》，上海辞书出版社2001年版，第1822页。

续表

定 义	出 处
表现在意志行动之中的、为达到目的而克服困难的心理过程叫作意志。	喻国华等编：《普通心理学》，中国科学技术出版社 1995 年版，第 270 页。
意志就是人自觉地确定目的并支配其行动以实现预定目的的心理过程。	曹日昌主编：《普通心理学》，人民教育出版社 1987 年版，第 360 页。
意志是意识的调节方面，它表现出人有能力去实现有目的方向的活动和需要克服困难的行动。	［苏］B.B. 波果斯洛夫斯基等主编：《普通心理学》，人民教育出版社 1981 年第 2 版，第 326 页。
意志是有意识地支配、调节行为，通过克服困难，以实现预定目的的心理过程。	彭聃龄主编：《普通心理学》，北京师范大学出版社 2001 年第 2 版，第 328 页。

三、意志是一种特质

意志品质或意志力可以被看作是一种人格特质。意志品质是意志的主要表现形式，是意志的集中体现，坚强的意志品质就是意志力（Willpower）。[①] 对意志品质的研究多在理论讨论的范畴内。一般认为表现个体拼搏精神的努力程度和坚持程度等因素最能体现意志品质的特征。

表现努力程度的意志品质有控制力、果断性等因素，努力程度是意志品质强度的体现，说明意志的实现需要努力的付出。例如，有的研究认为意志品质应具有果断性、忍耐性以及自控性的特点。[②] 又如，一个意志明确而又坚强的人，主要具有自觉性、果断性、坚持性和自制性这

---

① 朱智贤主编：《心理学大辞典》，北京师范大学出版社 1989 年版，第 861 页。
② 黄希庭：《心理学导论》，人民教育出版社 2007 年版，第 496 – 523 页；高玉祥等：《心理学》，北京师范大学出版社 1985 年版，第 181 – 197 页；叶奕乾等：《普通心理学》，华东师范大学出版社 1996 年版，第 218 – 232 页。

四个基本品质。[1] 圆正[2]在谈到科学素养的意志结构时认为，意志是一个人能把握自己以达到预定目的的心理能力，一个人的意志结构包括独立性、果断性、坚韧性、自制性和自我平衡性。意志结构是人格结构，也是人的整个素质结构中不可缺少的力量因素，是一个人事业成功必不可少的心理品质。独立性、果断性和坚韧性是意志结构中的动力系统，自制性则是意志结构中的制动系统。对运动员的意志品质的研究也发现，运动员的意志品质指运动员在运动训练、竞赛和生活中，其意志行动过程表现出来的具有明显倾向性的稳定行为特征，是衡量运动员意志能力及水平的思考维度。专业运动员的意志品质具有坚韧性、顽强性、果断性、自控力、目标清晰度和信念确认度五个维度。[3]

表现坚持程度的意志品质有坚韧性、耐力、气节等因素，坚持程度是意志品质持久性的体现，说明一个人的坚强意志是一个长期历练的动态过程。人们为了实现某种目的，就要用意志控制自己的行动，这种力量叫耐力（也称毅力、定力）。耐力和"勇"密切相关。从某种意义上说耐力就是一个如何用意志控制"勇"的问题。气节，又称骨气，是指人们在思想政治和道德品质上表现出来的坚定性，是人的意志的外在表现和评价之一。[4] 蒙台梭利甚至认为，坚持性和持久性是最重要的意志的品质。[5]由于有坚持性和持久性，能使人们持之以恒，坚持不懈，不屈不挠地为既定的目标工作、奋斗下去。意志的坚持性在人格的五因素模型的相关研究中也得到了一些证实。对"大五"五个因素对人的行为影响的研究发现，

---

① 伍棠棣等主编：《心理学》，人民教育出版社 2003 年版，第 181 - 184 页。

② 圆正：《科学素养之我见——观点综述与体系架构》，2003 年，见 http://hps. phil. pku. edu. cn/viewarticle. php?sid = 838&st = 0。

③ 梁承谋、付全、程勇民、于晶：《BTL - YZ - 1.1 高级运动员意志量表的研制及运用》，《武汉体育学院学报》2005 年第 12 期。

④ 李永胜：《论意志》，《理论学刊》2000 年第 1 期。

⑤ ［意］《蒙台梭利幼儿教育科学方法》，任代文主译校，人民教育出版社 1993 年版，第 726 - 735 页。

责任性（*Conscientiousness*）对行为影响的一致性最强。① 有研究欲从这一角度出发，尝试分离出责任性中仅与意志有关的因素来解释人的有目的性的行为。这一研究认为，意志有三个重要的组成部分：一致性（*consistency*），果断性（*determination*）和坚持性（*persistence*），② 它们是责任性的主要构成因素。意志的作用在于它有助于个体达成角色预期，并使之努力朝着这一方向奋斗。意志力强的个体更有决心完成指派给他们或他们自己选择的任务，更有能力应对具有挑战性的工作。

四、意志是克服困难的能力

在西方哲学的概念中，"意志"一词常常用来指个体根据自己的意愿进行自主选择或自主决定的能力。③ 柏拉图把意志看作是人的灵魂（心理）的三大组成部分之一，亚里士多德进而认为灵魂有理性和非理性之分，意志是人在理性与非理性之间进行自主选择的能力。欧洲中世纪经院哲学也把意志看作人在善恶之间进行自主选择的能力。而后来"自由意志"概念的提出，也将意志视作人的一种主体能动性。意志也可视为对已有意愿的控制能力，这一控制的过程就是所谓的目标奋斗，区别于动机的目标设定。④ 意志控制论将意志解释为从一个信息接收，

---

① M. R. Barrick, M. K. Mount & J. P. Strauss, "Conscientiousness and Performance of Sales Representatives: Test of the Mediating Effects of Goal Setting", *Journal of Applied Psychology*, Vol. 78(1993), pp. 111 – 118.

② J. L. Fitch & E. C. Ravlin, "Willpower and Perceived Behavioral Control: Influences on the Intention – behavior Relationship and Post Behavior Attributions", *Social Behavior and Personality*, Vol. 33, No. 2 (2005), pp. 105 – 124.

③ *Merriam – Webster's Collegiate Dictionary (Tenth Edition)*, Springfield: Werriam – Webster Incorporated, 2001, p.1349.

④ J. Kuhl, "Volitional Aspects of Achievement Motivation and Learned Helplessness: Toward a Comprehensive Theory of Action Control", in *Progress in Experimental Personality Research*, B. A. Maher (Ed.), New York: Academic Press, Vol. 13 (1984), pp. 99 – 171.

到过去经验与现在联结，再到一个做出决定的过程。

　　意志的克服困难的能力主要表现在意志控制上。意志控制是个人操纵事件的进程和结果，使之与预期目标相一致的过程。[1] 意志控制的过程就体现了个人克服困难的能力。意志控制主要通过改变外部的自然环境、社会环境以及改变或塑造内部的生理素质和心理素质来发挥作用，在这一过程中，个体会遇到许多内部和外部的障碍和困难，只有消除、克服了这些障碍和困难，意志的控制作用才能得以贯彻执行，预期的目标才能实现。

　　此外，意志参与的随意动作也是一个类似克服困难的问题解决过程。随意动作的特性是具有随意控制性，这一控制类似自动的问题解决过程。詹姆斯认为随意动作与有意识的目标相伴产生，这种通常表现为心理图像的目标并不为人所意识，但个体对随意动作的结果却能够意识到。[2] 这就是说，在随意行动中，个体能够觉察到行动的问题和答案，但并未意识到从问题到答案产生的一系列具体的过程。[3] 因此，在随意行动中，个体对解决问题的结果是有觉察的，这促使个体采取一系列的措施来为实现目的和结果而积极行动起来，这其中肌肉动作控制的机制是无意识的，但对动作选择和困难障碍的意识却是存在的。此外，随意动作中限制性也体现了困难克服的能力，需要对动作的经济性、合适性、便利性等因素进行考虑，甚至会涉及社会因素，这些考虑多数是在潜意识的水平下进行的。因此，上述随意行动中的这些因素，不管是意识水平还是在潜意识水平，都可以理解为由意识到的目标而引发的问题

---

① 黄希庭：《心理学导论》，人民教育出版社 2007 年版，第 510 页。

② W. James, *Psychology: Brief Course*, New York: Holt, 1892, pp. 415 – 458.

③ B. J. Baars, "How Does a Serial, Integrated and Very Limited Stream of Consciousness Emerge out of a Nervous System that is Mostly Unconscious, Distributed, and of Enormous Capacity?" in *CIBA Symposium on Experimental and Theoretical Studies of Consciousness*, G. R. Brock & J. Marsh (Eds.), London: Wiley, 1993, pp. 282 – 290.

解决过程，只不过这一解决问题的过程更倾向于自动化而已。

五、意志是信念的力量

信念是人们对生活准则中的某些观念持有深刻的信任感和坚定的确信感的一种意识倾向，也是一种为个人所意识到的、理论性的价值取向。[1] 从信念与行动的关系来看，驱动信念转化为行动或以行动维持个体的信念就是意志的力量。个体的信念可以用价值观来解释，价值观则可以从态度、目的和动机等方面来定义。[2]

行为的目的性和目标指向性在目标理论中有不同的术语解释，而目标正是意志的重要的心理结构。[3] 目标之所以在意志结构中占有重要地位与目标的动力性是分不开的。对目标与行动成效的关系研究发现，没有目标的比有目标的被试行为的努力程度要低，低目标被试的努力程度又不及高目标者；同时，对提高活动成效而言，既有目标又有反馈，则动机水平更高。[4] 意志中目标因素的重要性还在于目标的组织性。目标的组织性体现在目标的层级关系上，即个体的目标要么是按目标的重要意义来组织的，要么是按目标的上下位属关系来组织的。目标的组织性为目标的动力性提供了条件和支持，因为就目标的上下位层级关系来说，上位的目标可能会有几个下位的目标，而某一个下位目标的失败并不能影响到上

①　黄希庭主编：《简明心理学辞典》，安徽人民出版社 2004 年版，第 434 页。

②　C. Kluckhohn, "Values and Value Orientations in the Theory of Action", in *Toward a General Theory of Action*, T. Parsons, E. A. Ahils(Eds), Cambridge: Harvard University Press, 1951.

③　黄希庭：《心理学导论》，人民教育出版社 2007 年版，第 501 - 505 页。

④　A. Bandura & D. Cervone, "Self - evaluative and Self - efficacy Mechanisms Governing the Motivational Effects of Goal Systems", *Journal of Personality and Social Psychology*, Vol. 45 (1983), pp. 1017 - 1028; A. Bandura, "Self - regulation of Motivation and Action through Internal Standards and Goal Systems", in *Goals Concepts in Personality and Social Psychology*, L. A. Pervin (Ed.), Hillsdale, NJ: Erlbaum, 1989, pp. 19 - 85.

位目标的实现，因为实现上位目标的途径并不只有一个。这样，目标就由此组织成为一个有序的结构，起着控制行为的动力作用。

非本能的动机则反映了个体信念的力量，这也是意志的表现。意志的动机论认为，动机产生于个体内部和环境外部的相互关系，意志指的就是与个体兴趣、价值和效能感、能力感等相关的思想或情感的形态。因此意志也可以被定义为个体进行职能的动机表现。① 意志进而可以分为三种相互衔接但不同水平的动机。第一层是探索水平，这是个体融入环境的一种最基本意愿，表现为个体在认识环境中显示出的好奇心和兴趣；第二层是能力水平，在这一水平上个体形成了控制的意识，并开始主动对环境施加影响，例如解决问题、纠正错误以及坚持自己所做的事等，都是这一水平的表现；第三是成就水平，这是动机的最高水平，个体力图掌握新的技能和职能，并勇于应对外部环境的挑战。在这一水平上，个体为了达到自己设定的目标，会加倍努力，积极寻找挑战，主动承担更多的责任。

意志的动机论将意志定义为不同水平的动机的组合，还有的研究者也持类似的观点，但也有意志的相关研究说明意志并不简单等同于动机。②

---

① G. A. Kielhofner, *Model of Human Occupation: Theory and Application (3rd ed.)*, Baltimore: Lippincott Williams & Wilkins, 2002.

② N. Ach, *Analyse des Willens (The Analysis of Willing)*, Berlin, Germany: Urban & Schwarzenberg, 1935; J. Kuhl, "Volitional Aspects of Achievement Motivation and Learned Helplessness: Toward a Comprehensive Theory of ActionControl", in *Progress in Experimental Personality Research, B. A. Maher (Ed.)*, Vol. 13, New York: Academic Press, 1984, pp. 99 – 171; J. Kuhl, "Motivation and Information Processing: a New Look at Decision Making, Dynamic Change, and Action Control", in *The Handbook of Motivation and Cognition: Foundations of Social Behavior*, R. M. Sorrentino & E. T. Higgins (Eds.), New York: The Guilford Press, 1986, pp. 404 – 434; S. Cross & H. Markus, "The Willful Self", *Personality and Social Psychological Bulletin*, Vol. 16 (1990), pp. 726 – 742.

六、意志行动是意志的体现

意志是一种理性的力量，与欲望（本能）追求的目标不同。意志是行动的方向，是产生行动的力量，因此它总是跟行动紧密联系在一起。意志的特点往往由外在的形式表现出来。意志是决定达到某种目的而产生的心理状态，往往由语言和行动表现出来。对意志与意志行动关系的表述在心理学教科书上也多有论及。彼得罗夫斯基在《普通心理学》中将意志行动看作是有意行动的一种特殊形式。① 意志行动也被定义为"受意识支配控制调节的行动"。② 或者，意志总是通过一系列的具体行动表现出来的，受意志支配和控制的行动，就是意志行动。③

对意志行动的界定主要基于它与无意行动或随意行动的区别。个体的行动受到意志的支配，但这并不意味着一切行为都是意志行动，无意动作和随意动作不是意志行动。因此，意志行动＝意志＋一般行动，意志表现于意志行动之中，是意志行动的主观方面。④ 而意志行动区别于无意行动的标准就是看其是否包括克服困难这一必要条件，看它是否与克服困难相联系。因此，意志行动具有自觉目的性、受意识调节、克服内外困难和以随意动作为基础的特点。

这样看来，意志行动应该具有三个基本的特点。首先是目的性的特点，意志行动需要意志的参与，而意志的参与是有意识的行为指向，而不是无意识的动作反应（例如面部肌肉长期痉挛、药物所产生的动作反应）；其二是努力性的特点，一个简单而无需努力就可以完成的行动也无需意志的参与，而意志行动须经努力才能完成，因此意志行动是具有

---

① ［苏］彼得罗夫斯基：《普通心理学》，龚浩然等译，人民教育出版社1991年版，第261页。
② 朱智贤主编：《心理学大辞典》，北京师范大学出版社1989年版，第861页。
③ 曹日昌主编：《普通心理学》，人民教育出版社1987年版，第367页。
④ 燕国材：《新编普通心理学概论》，东方出版中心1998年版，第188页。

难度和挑战性的行动；第三是坚持性的特点，坚持是意志行动的一个重要特征，坚持性同时也体现了努力性。行动的持久程度往往也是个体为达到目的所付出的努力和代价的表现。

意志行动的三个特点，集中表现在意志行动的采取决定和执行决定两个阶段。在意志行动的采取决定阶段，个体会面临不同的动机冲突，例如双趋冲突、双避冲突以及趋避冲突（此问题将在第四章深入探讨），同时个体在目标的确定及实现目标的方法上也面临选择；在意志行动的执行决定阶段，个体在面临困难、诱惑以及经受挫折时的态度，都直接与意志行动能否实现有很大的关系。

第四节　意志概念的实证分析

前面我们对意志概念的内涵从不同的角度进行了理论的探讨，本节我们将从实证的角度来分析意志的内涵，我们将侧重从与意志有关的文献概念的分析以及公众对意志的看法这两方面来探索意志的内涵。

一、意志的概念内容分析

对"志意"，或"志""意"的古代汉语涵义的分析说明了这些概念的文化历史传统。但概念的形成是一个发展的过程，因此在了解概念文化渊源的同时，还应当考察当代文献对意志的解释。在当代文献中，意志是一个使用频率很高的词汇，是研究者颇感兴趣的一个话题。截至2015年，根据对中国知网的搜索，在所有列出的文献中，题名与意志有关的期刊文献有5057篇。如果以主题搜索，则有96463篇文章与意志有关，且对意志的研究总体上呈逐年上升的趋势。如此看来，意志是一个重要的词语且是一个值得分析的研究领域，对意志概念的内容分析，有助于准确掌握其概念的真正涵义。

为了考察意志这一概念的当代语义表达的内涵，需要收集与界定意志有关的表述。选取网络搜索引擎 Google 和百度为资源搜索引擎,在搜索栏中分别输入"意志是""意志就是"等关键词。待搜索完成后,逐一读取每一搜索结果中包含"意志是",和"意志就是"的句子直至搜索的最后一页或至搜索结果已与内容完全不相符合(例如"意志"所指的只是一个人名,或显示信息已经不是关于意志概念内容的界定),剔除搜索结果中相同(例如转引他人的语句)或类似(转引但对个别词做了改动或删除)的句子,然后记录下所有关于意志的句子或段落。

采用这种方法,共得到"意志是……"类型句子 32 个,"意志就是……"类型句子 27 个。对所有句子进行内容分析,将内容以词语(形容词或名词)为单位进行点算,句子中用词语描述的就直接保留,以句子描述而无典型词语的则将其转换为词语。分析后意志的定义主要可以在四个方面得到解释:拼搏性、坚持性、果断性和目的性。从频数统计来看,拼搏性是频率最多,其次是坚持性、目的性和果断性(见表1.2)。

表 1.2 意志概念的内容分析

类 目	分 析 单 元
拼搏性（45）	克服困难 16、毅力 16、支配 2、实现自己目标的能力 4、刚毅 2、坚韧性 5
坚持性（34）	坚持 20、坚持的力量 2、不放弃 5、克制 4、坚定 3
目的性（24）	目的的行动 7、动力 2、信念 8、自觉性 5、选择 2
果断性（12）	果断 4、决断 2、决然 3、不犹豫 3
其他（11）	品质 1、行动 2、品格 1、钢性 2、成功之本 1、前进的原动力 1、路 1、力量 1、理智的欲望 1

二、公众对意志的认识

除了分析界定意志的表述之外，了解公众对意志的理解也有助于对意志内涵的认识。我们在 2007 年采用开放式问卷的调查方法对意志的公众看法进行了研究。设计的开放式调查包含三个问题：一，你认为哪些词语最能表达意志的内在涵义？二，请举出你认为最能体现意志精神的人？并说明他（她）们在哪些方面体现了意志的精神？三，你认为自己是一个有意志的人吗？为什么？问题一的目的在于通过被试列举词语来定义意志；问题二旨在让被试通过列举典型人物来概括意志的特征；问题三在于了解被试以何标准来衡量自己的意志的程度。

共有 97 个被调查的大学生参加了此研究，其中男生 34 人，女生 63 人。

对意志概念的开放式调查分析后发现（见表 1.3）：第一，表达意志内在涵义的词语从频次分可以归纳为拼搏性，坚持性、果断性和目的性三个方面。拼搏性和坚持性是意志概念的主要内容。第二，大学生认为最能体现意志精神的人按频次前三位依次是：张海迪、邱少云、海伦·凯特。第三，39% 的大学生认为自己是有意志的人。

表 1.3 大学生意志概念的内容分析

类目（频数）	分析单元	
	正向词	反向词
拼搏性（258）	坚强 49、坚韧 27、不畏艰难 4、吃苦耐劳 1、奋斗 8、奋不顾身 1、反抗 1、刚强 13、刚毅 5、毫不退缩 1、固执 3、决绝 4、倔强 1、决心 3、坚决 1、积极 4、进取 3、克服困难 1、克制 1、刻苦 2、坚毅 5、宁死不屈 6、努力 8、拼搏 3、拼命 1、勤奋 4、全力以赴 1、认真 2、上进 2、视死如归 1、挑战 1、顽强 24、顽固 2、无所畏惧 2、勇敢 18、毅力 15、勇往直前 3、勇气 1、宁死不屈 4、孜孜不倦 1	薄弱 4、脆弱 1、胆小 1、懦弱 6、软弱 9

续表

类目 （频数）	分析单元	
	正向词	反向词
坚持性 （206）	坚定 35、坚持 26、不屈不挠 14、百折不挠 15、持久 4、持之以恒 5、恒心 6、坚贞 6、坚信 2、耐力 4、屡败屡战 1、强硬 1、锲而不舍 6、韧劲 2、忍耐 11、忍受 1、忍辱负重 1、矢志不渝 4、善始善终 1、誓不罢休 1、永不放弃 3、执着 27、自制 21、持之以恒 3、专注 1	放弃 1、虎头蛇尾 1、见异思迁 2、抑制 1
目的性 （29）	计划 1、理智 1、理想 1、信念 6、信心 2、信仰 1、意识性 2、愿望 1、意念 1、追求 3、志气 8	盲目 1
果断性 （42）	果敢 6、果断 32、雷厉风行 1、决绝 3	
其他 （30）	不卑不亢 2、创造 1、沉着 4、风骨 1、负责 1、干练 1、高洁 1、豁达 1、宽容 1、冷静 2、乐观 10、临危不乱 1、气度 1、稳定 1、忧郁 1、智慧 1、真诚 1	

　　从对意志概念的内容分析和公众对意志的看法来看，意志主要具有拼搏、坚持、目的、果断的特点。这些因素，既与个体的人格特征有关系，又与目标计划存在联系。

第二章

影响意志的因素

对意志的了解除了分析古今中外对意志一词的涵义的解释之外，考察其他与意志有关的概念也很有必要。就中国文化而言，意志的涵义本来就蕴藏在中文丰富的词语之中，例如以上提及的"志""意""志意"等字词均能反映意志的涵义，此外自强也是一个典型的阐释意志内涵的词语；就国外的文献来看，由于研究取向的限制，意志的实证研究非常缺乏，但其他与意志相关研究却较为丰富，例如对坚韧性、心理弹性、控制点、自我以及目标行动的研究，这些研究对于深入理解和分析意志的内涵、找到一种研究意志的实证方法具有重要的参考意义。与意志有关的概念，既有人格的因素，例如坚韧性、自我等，也有行为的因素，例如目标行动等。

第一节　意志与坚韧人格

有一些概念，或者从内在的人格特质的因素，或者从外在的环境因素来考察个体在应对具有挑战性的压力情景时的反应，包括坚韧性、心理弹性以及控制点，这些因素与意志都存在着不同程度的联系。

一、意志与坚韧性

意志总是与克服困难的情境联系在一起的，个体面临的诸如挫折压力就是这样一种困难情绪。人们如何应对挫折等压力情境这一问题已经有许多思辨的研究者对此进行了描述和解释，但从心理学角度来研究这一问题却是最近几十年来的事情。虽然意志力也可以用来说明个体为了达成目的而克服困难的程度，但自 20 世纪 70 年代以来，坚韧性（Hardiness）这个概念也被用来描述能够有效应对压力情境的人。

坚韧性这个词来源于农业科学领域，用于描述植物在不利于其生长的恶劣环境下（例如高温、高寒、干旱等）的生长能力。[1] 后被心理学界所采用，用于描述压力与疾病的关系。因此，坚韧性指的是坚韧的人所具有的人格特质，坚韧的人对压力情境有更高的抵抗能力。

对面临压力情境时人们患病的机率研究发现，经常体验到压力情绪的人比较少体验压力情绪的人更容易得感冒、流感和其他疾病。而且，面临同样的压力情境，可能有的人更容易得病，有的却很少得病。Kobasa 和 Maddi 认为在应对疾病这一问题上，人们对待压力的不同态度是一个非常重要的因素。通过一个长达几年之久的研究，这一假设得到了印证。研究发现有些人在经历了压力事件后更容易生病，这与那些更不容易生病的人形成鲜明的对此。Kobasa 提出 3C's 坚韧性人格理论对此进行解释。[2] 所谓 3C's，就是承诺（Commitment）、控制（Control）和挑战（Challenge），承诺指的是坚韧的人的目的感和主动性；挑战指把生活的变化视作自己成长发展的机会而不是负担；控制指个体确信通过自身的努力能够影响生活事件。这就是说，具有坚韧性人格的人，对自己所做的事责任感更强，更有信心主宰自己的命运，也更愿意应对生活中的挑战。坚韧的人在面对压力情境时之所以会保持健康的状态，最主要的就是他们对生活的积极态度，这种态度可以使他们有效地应对压力事件，顺利地渡过和克服生活中出现的种种困难。Maddi 这样来描述具有坚韧人格个体的这三个结构：从投入的角度上说，坚韧的人对他们自

---

[1]　J. Low, "The Concept of Hardiness: A Brief but Critical Commentary", *Journal of Advance Nursing*, Vol. 24(1996), pp. 588 – 590.

[2]　S. C. Kobasa, "Stressful Life Events, Personality, and Health: an Inquiry into Hardiness", *Personality and Social Psychology*, Vol. 37 (1979), pp. 1 – 11.

己的行为和活动有兴趣并且享受这些活动；从控制的角度上说，坚韧的人认为他们的行为是其自己的主动选择；从挑战的角度上说，行为是学习的重要刺激。[1]

坚韧性用来描述人格时，更多的是指个体的人格特质，是一种坚韧性人格（Hardy Personality）。坚韧性人格在实现需经努力而至的目标时，其成功的可能性会更大。

二、意志与心理弹性

心理弹性（Resilience）是一个比坚韧性更为宽泛的概念，学界至今尚未达到一致的意见。研究者从不同的角度对心理弹性提出了他们的理论构想。有人认为它是一个连续体，[2] 有人认为它是一系列保护性因素的集合体；[3] 另有一种看法认为心理弹性不只是保护性因素的集合，它是个体调节对压力环境的反应的一种机制，这一机制有利于个体有效

---

[1] S. R. Maddi, "The Personality Construct of Hardiness: Effects on Experiencing Coping and Strain", *Consulting Psychology Journal: Practice and Research*, Vol. 51, No. 2 (1999), pp. 83 – 94.

[2] J. Block, J. H. Block, "The Role of Ego Control and Ego Resiliency in the Organization of Behavior", in *Development of Coition, Affect, and Social Relations*, W. A. Collins (Ed.), Hillsdale. NJ: Lawrence Erlbaum Associates, 1980, pp. 39 – 101.

[3] E. Werner, "Resilient Offspring of Alcoholics: A Longitudinal Study from Birth to Age 18", *Journal of Studies on Alcohol*, Vol. 47 (1986), pp. 34 – 40; E. Werner, "Protective Factors and Individual Resilience", in *Handbook of Early Childhood Intervention*, S. Lieiseis & J. Shonkoff (Eds.), New York: Cambridge University Press, 1990, pp. 97 – 116; N. Garmezy, "Stressors of Childhood", in *Stress, Coping, and Development in Children*, N. Garmezy & M. Butter (Eds.), New York: McGraw Hill, 1983, pp 43 – 84; N. Garmezy, "Resiliency and Vulnerability to Adverse Developmental Outcomes Associated with Poverty", *American Behavioral Scientist*, Vol. 34 (1991), pp. 416 – 430.

地应对压力；① 也有研究者指出心理弹性是个体、家庭与社会因素的交互作用；② 还有研究者从概念溯源分析入手，把心理弹性定义为压力情景下的准备状态。③ 由于对心理弹性的多种概念定义使人无可适从，研究者通过不同角度界定的操作定义并不统一，因此从总体上就缺乏有效的测量心理弹性的工具。针对这一情况，有研究者提出应当从概念综合和心理弹性的适应功能出发来构建一种更为经济节省的模型。概念综合的过程如下：首先，收集各种研究心理弹性文献中对其定义或描述的数据，将其按相关或重合关系进行分组，得到 26 类关于心理弹性现象的描述；然后对这 26 类进行提炼，得到 6 个维度，包括：心理社会因素、身体因素、角色、关系、问题解决特性和哲学信仰；最后经过合并得到四个维度：性情（Dispositional）维度，关系（Relational）维度，情景（Situational）维度和哲学（Philosophical）维度。④

　　心理弹性是一个类似坚韧性的概念，它们都强调个体在压力情景下的适应性。但心理弹性并不主张人应对压力情景的反应是天生的，而是更强调在压力情景下人们的灵活性和适应性，即就遗传因素和环境而言，个体的心理弹性受后者的影响更大。因此，心理弹性是一种从多因素的角度来分析个体克服困难而达到目标的一种观点。

① M. Rutter, "Resilience in the Face of Adversity: Protective Factors and Resistance to Psychiatric Disorder", *British Journal of Psychiatry*, Vol. 147 (1985), pp. 598 – 611; M. Rutter, "Psychosocial Resilience and Protective Mechanisms", *American Journal of Orthopsychiatry*, Vol. 57 (1987), pp. 316 – 331.

② H. Johnson, M. Glassman, K. Fiks, T. Rosen, "Resilient Children: Individual Differences in Developmental Outcome of Children Born to Drug Abusers", *The Journal of Genetic Psychology*, Vol. 151 (1990), pp. 523 – 539.

③ K. Kadner, "Resilience, Responding to Adversity", *Journal of Psychosocial Nursing*, Vol. 27 (1989), pp. 20 – 25.

④ L. V. Polk, "Development and Validation of the Polk Resilience Patterns Scale", *Doctoral Dissertation*, The Catholic University of America , 2000, http://proquest.calis.edu.cn.

三、意志与控制点

控制点（Locus of Control）理论是 Rotter 从泛化的预期概念中发展起来的。[1] 控制点理论认为，人们对未来发生在自己身上的事件有不同的原因判断，有的人将其归因于内部自身的因素（例如自己的行为或人格特质），这是具有内控点（Lnternal Locus of Control）人的看法；而有的人则归因于外部因素（例如运气、命运或是他人力量的影响），这是具有外控点（External Locus of Control）人的观点。控制点被认为是一种稳定的人格特质，具有很高的跨时间稳定性，但有研究表明它也受一定情境的制约，在特定条件下也可互相转化。[2] 一般认为，内控要比外控好，这一观点也得到了众多研究的证实。例如，内控者的学业成绩要比外控者好；[3] 外控的人比内控的人更倾向于有心理障碍，内控的人比外控的人更健康[4]等。

Rotter 将内外控的原因归结为文化差异、经济水平和教养方式三个方面，说明个体的控制点受环境变量的影响很大。内外控无所谓好坏，但内控似乎更有利于一个努力目标的实现，这与意志的关系更为密切，因为意志坚强的人往往会把发生在自己身上的事更多的归结于自由的因素，因此内控者与意志的关系更值得分析和探讨。

---

[1] J. B. Rotter, "Generalized Expectations for Internal Versus External Control of Reinforcement", *Psychological Monographs: General and Applied*, Vol. 80, No. 1 (1966), pp. 1–27.

[2] L. M. Wolfle & D. Robertshaw, "Effects of College Attendance on Locus of Control", *Journal of Personality and Social Psychology*, Vol. 43 (1982), pp. 802–810.

[3] M. J. Findley & H. M. Cooper, "Locus of Control and Academic Achievement: A literature Review", *Journal of Personality and Social Psychology*, Vol. 44 (1983), pp. 419–427.

[4] B. R. Strickland, "Internal – external Expectancies and Health – related Behaviors", *Journal of Consulting and Clinical Psychology*, Vol. 46 (1978), pp. 1192–1211.

第二节 意志与自我

意志如何影响到个体行为的问题涉及个体自我控制的内容，而自我研究中关于意志对行为的影响作用涉及许多方面。其中自我的执行功能（Executive Function）是与意志关系较为密切的方面，它与自我意识（Self – awareness）、自我调节（Self – regulation）、自我控制（Self – control）、自我效能感（Self – efficacy）、自我增强（Self – enhancement）以及自强等自我概念都有关系。

一、意志与自我增强

自我意识、自我效能感都在一定程度上体现了意志中的自我调控的要素。自我意识的研究认为，个体有追求自我要素之间和自我与行动之间一致性的要求。这就是说，人的大脑倾向于达成个体的自我与经验、目标与行为的一致；如果两者不能或很难达到一致，则自我会进行调整。① 自我的执行功能以自我调节和自我控制为代表，指的是个体过滤信息、选择行动、做出反应的过程。自我的执行功能是个体在寻求自己与环境平衡中自我要素的不可或缺的部分，它的作用非常重大，因为如果个体无法对改变自我做出成功的反应，那么即使个体为自己制定了合适的目标，恐怕也很难实现。② 自我效能感则是为达到预定目标而组织和完成行动的能力的信念，③ 因此自我效能感理论关注的是个体对自己

---

① C. S. Carver, "Self – awareness", in *Handbook of Self and Identity*, M. R. Leary & J. P. Tangney (Eds.), New York: Guilford, 2003, pp. 179 – 196.

② R. F. Baumeister & K. D. Vohs, "Self – regulation and the Executive Function of the Self", in *Handbook of Self and Identity*, M. R. Leary & J. P. Tangney (Eds.), New York: Guilford, 2003, pp. 197 – 217.

③ A. Bandura, *Self – efficacy: The Exercise of Control*, New York: W. H. Freeman, 1997, pp. 36 – 38.

的控制的信念。自我效能感说明了个体追求成就的思想、目标和能力信念对成功的重要性，这是因为强烈的自我效能感有助于更好地自我调节和坚持，从而有利于成功。①

自我增强是自我执行功能的重要方面，它与意志行动的实现有很大的关系，自我增强指的是人们对于自我拥有过分积极的自我感知，表现为个体试图寻找维持或提高自尊的信息。② 自我增强与自尊的关系密切，自尊又与面子的关系密切，两者皆有助于行为的达成。有研究发现，当情境合适时，中国人会表现出自我增强（比如处于为大我争面子情境中）；乐于为"大我"争面子的人会较那些不常为大我争面子的人更多地进行自我增强，因为他们较后者更多地具有中华传统文化所赞许与鼓励的特征。③ 面子不等于自尊，面子是具有中国文化特色的一种心理现象，具自我增强的功能，这说明，在一定文化背景下个体会努力克服困难完成与其文化要求相符合的任务，即使这种任务可能并不为个体所认可。例如，运动员为了国家荣誉在赛场努力拼搏；中学生为光宗耀祖而努力学习考上大学。这说明个体克服困难的情况受环境制约的影响的确存在，有的时候还相当重要。情境因素对个体在面临压力情景下的努力程度也可能像面子对自我增强一样起作用，即个体的意志要受个体自己、环境和文化的左右。这就如同心理弹性一样，从环境的因素来考虑，也可以将其分为家庭心理弹性（Family Resilience）和社区心理弹性（Community Resilience）。④

---

① E. Maddux & T. Gosselin, "Self - efficacy", in *Handbook of Self and Identity*, R. Leary, J. P. Tangney, (Eds), New York: Guilford Press, 2003, pp. 218 – 238.

② ［美］珀文：《人格科学》，周榕等译，华东师范大学出版社 2001 年版，第 339 – 342 页。

③ 王轶楠：《为大我争面子：探究中国人的自我增强》，中山大学博士学位论文，2006 年。

④ A. D. Van Breda, *Resilience Theory: A Literature Review*, 2001, Pretoria, South Africa: South African Military Health Service, 见 http://www.vanbreda.org/adrian/resilience.htm.

　　自我增强还可以表现为因为担心落后他人而产生的竞争心态。新加坡在20世纪80年代成为亚洲经济发展最快的地区之一，被称为"亚洲四小龙"之一。新加坡的经济发展与新加坡人的危机意识和奋斗精神是分不开的。新加坡人的这种不甘人后的竞争意识被称之为Kiasu。Kiasu是闽南语，意思是"怕输"，怕输曾被认为是新加坡人的典型特征，是新加坡人的普遍意识，反映出一种在与他人竞争时唯恐处于不利地位而想方设法领先于他人的态度，体现了个体的一种努力的倾向。然而，"怕输"的涵义与对价值和金钱的执着追求有关，因此怕输有积极的一面，也有消极的一面。积极的怕输态度表现为为了在竞争的环境中处于有利的位置而勤奋和刻苦工作;[1] 消极的怕输态度则表现为为了不让别人胜过自己而产生的妒嫉和自私的行为。[2] 积极的怕输态度和消极的怕输态度都对团队行为有影响，而且与文化有一定的关系。

二、意志与自强

　　自强（Self - strengthening）是一个本土化的概念，它的意思是"自己努力图强"。[3] 自强需要意志的参与，因为自强总是与克服困难联系在一起的。通过对中国古代文献中有关"强"和"自强"概念的分析可以看出（表2.1），"强"主要有两个意思，其一指的是具体的强或身体的强，或"弓有力"，或"强健、健壮、有力"，或"强盛、势力大"；其二指的是抽象的强或精神的强，如"刚强、坚决"。强弱是一个相对的概念，强弱可以相互转化，具体的强和抽象的强又是两个不同的概念，用于描述不同的强弱特征，因此强是一种努力的状态。自强也

---

[1]　C. C. Chua, "Kiasuism is Not All Bad", *The Straits Times*, 1989, June 23, Singapore.

[2]　S. Kagda, "Totally Opposing Traits", *The Business Times, Executive Lifestyle*, 1993, July 17, Singapore, p. 2.

[3]　《辞源》（第二册），商务印书馆1979年版，第2585 - 2586页。

谓自疆。即自己努力图强，也可以解释成自己不甘落后，奋发图强，例如，"自人君公卿至于庶人，不自强而功成者，天下未之有也。"（《荀子》）又如，"上虽病，强载辎车，卧而护之，诸将不敢不尽力。上虽苦，为妻子自强。"（《史记·留侯世家》）"虽思自强，不可得已。"（《新唐书·列传第二十四》）自强也可称作"自强不息"，意思是：不断努力。例如，"陶侃少长勤整，自强不息。"（《初学记》卷一注引王隐《晋书》）

表2.1　古代汉语中"自强"的涵义举例

类型	内容
个人努力	天行健，君子以自强不息。（《周易》） 愿陛下自强不息，必可致也。（《贞观政要》） 凡在官寮，未循公道，虽欲自强，先惧嚣谤。（《贞观政要》） 则小人绝其私佞，君子自强不息，无为之治，何远之有？（《贞观政要》） 是知以至愚而对至圣，以极卑而对极尊，徒思自强，不可得也。（《贞观政要》） 虽情心郁殄，形性屈竭，犹不得已自强也。（《淮南子》） 自人君公卿至于庶人，不自强而功成者，天下未之有也。（《荀子》） 孟子恶败而出妻，可谓能自强矣；有子恶卧而焠掌，可谓能自忍矣，未及好也。辟耳目之欲，可谓能自强矣，未及思也。（《荀子》） 肥肉厚酒，务以自强，命之曰"烂肠之食"。靡曼皓齿，郑卫之音，务以自乐，命之曰"伐性之斧"。（《吕氏春秋》） 惩连改忿兮，抑心而自强。（《楚辞》） 笃行信道，自强不息，油然若将可越而终不可及者，此则君子也。（《孔子家语》） 是以君子法之，自强不息。（《论语集注》） 盖学者自强不息，则积少成多。（《论语集注》） 古之圣贤未尝不以懈惰荒宁为惧，勤励不息自强，此孔子所以深责宰予也。（《论语集注》）

续表

类型	内容
群体努力	秦衔赂以自强，山东必恐。（《战国策》） 请地于魏，魏弗与，则是魏内自强，而外怒知伯也。（《战国策》）
其他	老臣今者殊不欲食，乃自强步，日三四里，少益耆食，和于身也。（《战国策》） 那猴头，专倚自强，那肯称赞别人？（《西游记》）

　　根据对自强的古汉语涵义分析，自强也可以分为个体努力和群体努力两种类型（表 2.1）。例如，"愿陛下自强不息，必可致也"（《贞观政要》），这是个体自强；"秦衔赂以自强，山东必恐"（《战国策》），这是群体自强。这两种类型都与克服困难的努力过程有关。因此，自强的核心是一种努力向上、不甘落后的精神。与"志"或"意"的涵义相比，自强体现的是为实现预期的目标而表现出的目的性、拼搏性和坚持性的品质。可见，自强是一个包容性更大的概念；无论是个人自强还是群体自强，自强都需要意志努力来支撑。

　　从心理学的角度研究自强目前为数不多。郑剑虹等曾经对自强的概念结构进行了理论分析并用实证的方法对自强的意识水平进行了研究，这是对自强的心理学进行的初步探索。这一研究认为自强总是基于对过去自我和/或现在自我的评估及对未来自我的认知和期盼而形成的，因此可能把自强定义为：自强是个体不断提升自我，充分发挥自身潜能，努力进取，克服困难的一种人格动力特质。从这一概念来看，自强具有强烈的目的性（提升自我），同时自强也需要个体自身的努力，因此自强需要意志的参与。但自强的过程并不等于意志参与的过程，因为意志参与的行为并不一定是自强的行为。对公众自强观的内容分析表明，公众的自强观主要是指持久的意志力；自强可分为顺境自强、逆境自强、竞争性自强、成长性自强和他向性自强，逆境自强更为公众所赞同；意志特征是自强的主要特征。对与自强者相关的特征的描述性统计结果表明，坚持不懈、自信、勤奋努力、不怕困难是公众认为最重要的特征；对不同行业的自强者人格特征的传记分析也表明，意志品质是自强者最重要的人格特征。①

　　采用与意志的文献分析相同的办法（见第一章第四节），搜索包括"自强是""自强就是"等句子，共得到"自强是……"类型句子 39 个，"自强就是……"类型句子 63 个。对所有句子进行内容分析，将内容以词语（形容词或名词）为单位进行点算，句子中用词语描述的就直接保留，以句子描述而无典型词语的则将其转换为词语，如，"自强就是要不断提升自身素质，取得工作的进步"等。分析后将自强结构分为四个方面：拼搏性、坚持性、乐观性和目的性（结果见表 2.2）。从所得的词汇频数统计来看，拼搏性是调查中自强概念里最强调的内容，坚持性次之，其余为乐观性和目的性。由于拼搏与坚持在实际的表现中可能出现重叠，所以在内涵上它们的意义应该都反映了自强的持久性的特点。

表 2.2　自强概念的内容分析

类目（频数）	分析单元（频数）
拼搏性（70）	拼搏 6、努力向上 16、奋发进取 11、奋发图强 7、勇于开拓 4、奋斗不止 2、勤奋 6、发奋有为 1、勇往直前 1、奋发努力 1、团结奋斗 1、不服输 3、无畏 3、不畏缩 1、战胜自我 1、自己努力 2、自我加压 1、自励自进 1、自我发展 1、创造自我 1
坚持性（36）	不懈追求 3、坚毅 1、执着 3、自强不息 3、坚定 3、坚强 12、永不懈怠 3、韧性 1、强力 1、永不停息 1、坚持不懈 3、坚忍不拔 1、永远进取 1
乐观性（13）	憧憬 1、不灰心 2、乐观开朗 2、积极进取 3、充满希望 2、积极的 1、依靠自己 1、不怨天尤人

----

① 郑剑虹、黄希庭：《自强意识的初步调查研究》，《心理科学》2004 年第 3 期。

续表

类目 （频数）	分析单元（频数）
目的性 （10）	不手忙脚乱 1、不随波逐流 1、志存高远 1、做出成绩 2、干出事业 1、不甘落后 1、不安于现状 3
自我 （9）	自尊 1、自立 1、四自核心 1、自立不息 1、独立自主自力更生 3、自强自立 1、自立自勇 1
其他 （8）	乐于助人 1、健康 1、被尊重 1、智慧 2、气魄 1、创新 2

郑剑虹等曾做过公众自强意识的调查研究。结果发现：公众的自强观主要指持久的意志力；公众的自强心理结构涉及意志力、社会适应性、社会态度、自我态度、能力和自我实现几个倾向。[①] 夏凌翔也曾对自强与自立特征进行了比较，结果发现，独立性、责任性和灵活性是被试最强调的自立特征，勇敢与拼搏、坚韧性和才干是被试最强调的自强特征。[②]

采用类似公众对意志的看法的开放式调查方法，对自强的公众观进行了分析，旨在通过大学生对自强的理解，进一步了解自强的内涵以及与意志的关系。设计的自强开放式调查包含三个问题：一，你认为哪些词语最能表达自强的内在涵义？二，请举出你认为最能体现自强精神的人？并说明他（她）们在哪些方面体现了自强的特点？三，你认为自己是一个自强的人吗？为什么？共有 101 个大学生被试参加调查。其中男生 43 人，女生 58 人。

对自强概念的开放式调查分析后发现（表 2.3）：首先，表达自强内在涵义的词语从频次分可以归纳为拼搏性、坚持性、目的性和乐观性

---

① 郑剑虹、黄希庭：《自强意识的初步调查研究》，《心理科学》2004 年第 3 期。
② 夏凌翔：《自立、自强特征的对比研究》，《心理科学》2005 年第 6 期。

四个方面。拼搏性和坚持性仍然是自强概念的主要内容。如果将拼搏与坚持视为一个因素，这在概念分析结果上与文献内容分析大体一致。其次，大学生认为最能体现自强精神的人按频次前三位依次是：洪战辉、张海迪、邰丽华。这三个具有典型代表性的自强人物表现了意志在克服生理、心理和物质条件困难下所发挥的巨大作用。第三，约有40%的大学生倾向认为自己是自强的人。

表2.3 大学生自强概念的内容分析

类目 （频数）	分析单元（频数）
拼搏性 （283）	勇敢26、果敢3、无畏3、坚强30、奋斗（不息）21、努力16、不畏强权1、勇往直前1、奋发向上3、永不言败2、不服输5、勤奋13、不轻言放弃1、发奋图强3、刻苦（学习）6、艰苦奋斗5、拼搏12、有力量1、奋进（前进）2、艰苦创业2、艰苦奋斗2、创业1、上进3、挑战2、向上1、进取5、知难而进3、白手起家1、重振旗鼓1、不屈服5、强硬1、永不退缩1、勇气2、牺牲1、上进2、刻苦1、认真2、不畏艰险2、独当一面1、不退缩1、勇往直前1、勇攀高峰1、解决问题1、临危不变1、勇于面对1、矢志不移1、大胆2、不屈1、独立28、靠自己1、自食其力2、挑战自我1、自力更生7、自给自足3、自强不息26、自力更生12
坚持性 （124）	坚持不懈13、坚定不移3、顽强15、坚持14、持之以恒2、坚持己见1、坚韧（不拔）17、意志坚定1、刚毅2、身残志坚2、有耐力1、不屈不挠4、坚毅4、越挫越勇4、生生不息1、毅力4、加油1、恒心1、执着3、坚持到底1、锲而不舍1、受得委屈1、讲原则1、不懈追求1、精诚所至金石为开1、吃苦耐劳2、承受打击1、吃苦精神1、受得住打击1、不怕困难2、不怕吃苦1、吃苦耐劳2、不怕贫困1、忍辱负重2、忍耐8、不怕贫穷1、自律3、自制1
目的性 （26）	追求理想2、目光远大1、有目标2、有主见4、主动2、有远见1、有责任5、爱国1、创新4、务实1、踏实1、有作为1、上进1

续表

类目（频数）	分析单元（频数）
乐观性（29）	坦然1、乐观10、积极6、进取2、心胸开阔1、骄傲1、快乐1、热情1、心态好1、微笑面对苦难1、感恩生活1、信心1、幽默1、热忱1
自我（91）	自尊14、自爱9、自信31、自立21、独立自主4、自励3、自主9
其他（43）	不卑不屈1、严于律己1、以身作则1 精明1、能干2、有头脑1、责任心强1、果断4、毅力1、魄力1、随机应变2、性格好1、懂思考1、爱实践1、会利用时间1、善听意见1、勤俭节约1、团结互助1、诚实1、乐于助人1、有责任感2、不卑不亢3、有思想1、骨气1、尊严1、正直1、善良2、友爱1、能力1、兴趣1、大胆1、贫贱不能移威武不能屈1、果决1、智慧1、雷厉风行1

无论从古代、当代的文献分析还是从公众观的调查来看，无论从定义分析还是从词汇归纳来看，自强和意志都反映出一些本质相同的元素。这些相同点体现在对公众观三个问题的结果分析的一致性上。两个概念的内涵结构的相似性说明两者在质性上具有共同点；对典型人物列举的部分重叠结果部分印证了这一结果。事实上，被试列出的具有意志精神和自强的人多有重叠，只是频数不同而已，这说明两者的外在表现具有很大的相似性；被试对自己是否具有意志精神和是否是自强的人的判断，也间接说明了两者在程度上的接近性。因此，从上述研究中所归纳的自强概念的内容，集中体现了意志品质的基本内涵，即意志品质的目的性、坚定性和顽强性，果断性和勇敢性，主动性和独立性，坚毅性和自制力。

自强和意志虽然在内涵上有相似之处且都与行动有关联，但两个概念并不完全相同。首先，从词性来说，自强是一个动词或形容词，而意志是一个名词；其次，从语义来看，自强是一个过程，意志则是一种状态；最后，从概括度来分析，自强更倾向于指的是具体的行动，而意志则是一个更抽象的概念。自强与意志既然指向不同，那为什么在概念分析时会有如此相似的结果呢？可能的情况是，似乎可以说自强是意志的外在表现形式，意志则是自强的核心。这就是说，意志也通过自强来体现其实质，自强则可表现为意志的外在形式。简言之，一个自强的人必然是具有意志精神的人。

大学生将洪战辉、张海迪、邰丽华视为自强的代表人物，但总的来说他们并未经历过这些人物面临的苦难与不幸，大部分人无法达到这些典型人物的高度。但他们仍然认为自己是自强的人。从被试列举的原因分析，一方面大学生对自强有一种强烈的渴望，并将这一情绪表现在对自己状态的描述上；另一方面大学生主要把自强与克服困难联系了起来，并以这一描述作为判断自己是否自强的标准之一。然而，克服困难有程度不同的水平，自强是克服困难而实现目标的最高境界，它需要完成的任务有多种，难度也不尽相同，而意志所要解决的问题（意志的外在形式）可能只涉及一个或两个。这就是说，通过意志而解决的问题要达到自强的水平，所要完成的任务、实施的行动是不能一蹴而就的。

那么，即使自强的核心是意志，意志的外在形式就是自强吗？从前面的分析来看，意志的外在形式是意志行动，而由于自强与意志概念上的关系，意志行动则应当且必然与自强有很大的联系。这是因为：首先，意志行动和自强都强调自我在其概念中的重要性；其次，意志行动和自强都具有很强的目的指向性；第三，意志行动与自强体现的都是一个努力克服困难的过程；其四，意志行动与自强都注重对行为的控制，强调行动是其外在的最重要的表现形式。不过，意志行动并不等于自强，与意志相比，自强是一个更大的概念，它的目标设定较意志行动的目标更为长远，是个体不断提升自我，充分发挥自身潜能而克服困难的一个长期的过程。自强可以视作个体毕生的一个总的目标，一种理想的追求；意志行动的目标则可能较为具体，且可由数个不同的意志行动形成一定层次性；意志行动也可能会具有一定的组织结构，并且生成一个更高的核心、更大的目标，这个目标系统可能就是自强所要追求的结果。

因此，自强、意志与意志行动的关系可以解释为以意志行动为中介，由意志指向自强的一种目标系统。自强与意志的概念内涵结构比较为意志及意志行动的界定提供了有益的参考。自强作为健全人格中最核心的部分又为意志行动与健全人格关系的关系研究架设了理论桥梁。

从对定义的分析来看，意志与自强概念在内容结构方面都具有拼搏性、坚持性和目的性的特点，表明两者存在许多共同点；在表述方面，自强的表述更与具体的行动过程结合在一起，涉及行业生活的方方面面，意志的表述则更为抽象一些，并不指向具体的行动和行为。这可能说明，自强是实现理想和目标的一个过程，而意志则是其中一个重要的因素；自强可能就是意志指向行动的过程。

自强和意志概念的内容结构的共同点体现在两者均强调目的性、克服困难和控制的特点，其中控制的作用在两者的内容中占有重要的地位，表现为拼搏性、坚持性和果断性的调控能力的特征。这说明，在特征的表现上，自强与意志的外在表现形式有诸多的共同点。通过比较意志和自强的异同，有助于更好地揭示意志的内在涵义及其与意志行动的关系。

第三节　意志与目标行动

由于意志的目标驱动的特点，一些表现如何将目标转化为行动的研究也从不同侧面说明了意志行动的实现过程。目标行动的一个重要来源是个人构念，以及由此衍生的个人行动构念（目标单元）。

一、个人构念

个人构念理论（Personal Construct Theory），简称 PCT，由乔治·凯

利（George A. Kelly）提出。① Kelly 通过观察发现，向他进行心理咨询的人最需要的是对周围事件的解释以及他们对自己将来还会发生什么事的预测。基于这些观察和自己的思考，他提出了个人构念的理论。Kelly认为，有某种程度上说，人人都是科学家，是一个科学人（Person - as - scientist）。人们就像科学家认识研究世界一样，用自己的方式理解世界，采取适当的方式进行意义的建构，提出并检验自己对世界的假设，并不断调整自己的知识系统。人们用自己的方式认识世界就是一种结构，这种结构就是一种意义单元，人们能够运用这些意义单元去解释过去、现在和将来的事件，从而创造性地形成自己的构念，以便更好地理解生活现象，并在一定程度上预测这些现象。例如，一个学生可能会对他的老师的性格提出他自己的假设，以这个学生的经验而言，这个老师可能不苟言笑，让人难以接近。于是这个学生会不断地收集这位老师的信息，并将此与他自己的假设做比较，如果得到的信息证明老师的确如他想象的一样，那么这个学生就会继续使用他的假设；但如果事实证明老师在课外却非常活跃而平易近人，那该学生就会放弃原来的假设，转而以新的假设取代之。

　　Kelly 认为，个体从有意识开始，就试图弄清楚他/她知觉到的世界，于是不断地提出对世界认识的假设并不断地检验和修正这些假设。当个体成人后，就会形成一套复杂的认识世界的模式或构念，并从中确立自己的位置，这种模式就是人格。个人构念的意义即在于此。

二、个人行动构念

　　个人行动构念单元（Personal Action Constructs Units）是在个人构念理论基础上形成的目标单元，即所谓的 PAC 单元，它是由 Little 提出来

---

① G. A. Kelly, *The Psychology of Personal Constructs*, New York: Norton, 1955, p. 32.

的，也叫目标单元（*Goal Units*），以个人计划（*Personal Projects*）为代表。① PAC 单元是一系列关于目标理论（Goal Theory）的研究，同时也是一种强调人与环境交互影响的人格研究方法论，具有全面、灵活而讲究实际意义的特点。PAC 单元与意志研究的联系在于，目标理论对于个体实现目标的内外机制进行了探索，而意志本来就是一种有目的的克服困难的心理过程。从某种意义上说，意志的结果就是目的的最终达成。目标理论对人的行为的解释似乎更为合理，因为它一方面关注人们如何将意向转变为行动，如何从目标的产生到实际付诸实施的转化，② 这表现了人的意识的能动作用，例如认知心理学的信息加工模型的研究就是这种观点；另一方面目标理论又不过分强调意志的超越力量，它把目标的实现与实现目标的现实可能联系起来，认为意志的目标实现过程中扮演的角色是受到条件限制的，例如预期－价值理论就是这种观点。③ 尤其重要的是，PAC 单元中的个人计划有一套专门为目标行动设计的研究方法：个人计划分析（PPA），这对意志行动的研究在方法论上可能提供一条崭新的思路。

个人行动构念（PAC）单元的理论一方面沿袭了 Kelly 的人格构念理论，另一方面也是对长期以来在人格心理学研究领域处于主导地位的特质论研究方法进行的反思。一直以来，以特质论为代表的传统人格心理学研究的理论和方法占据了上风，特质心理学家把人的特质看作是人格的基本单位，认为特质是个体的一种静态的与生物遗传关系密切的内

---

① B. R. Little, "Psychological Man as Scientist, Humanist and Specialist", *Journal of Experimental Research in Personality*, Vol. 6 (1972), pp. 95 – 118; B. R. Little, "Personal Projects: A Rationale and Method for Investigation", *Environment and Behavior*, Vol. 15, No. 3 (1983), pp. 273 – 309.

② N. Cantor, "From Thought to Behavior: 'Having' and 'Doing' in the Study of Personality and Cognition", *American Psychologist*, Vol. 45 (1990), pp. 735 – 750.

③ J. B. Rotter, "Generalized Expectancies for Internal Versus External Control of Reinforcement", *Psychological Monographs*, Vol. 80, No. 1 (1966), pp. 1 – 28.

在的人格特性，众多关于人格的理论模型都是建立在特质论的基础之上的。事实上，早在 20 世纪 60 年代，Walter Mischel 就对人格特质的测量方法提出了批评。他指出了特质测量人格的两个缺点：一是特质测量并不能很好地预测行为，因为单一的特质分数并不能解释大量的行为；二是没有证据支持人格特质的跨情境一致性。[1] 换言之，个体在某个情境下表现出来的某种特质，未必能够肯定在另一情境会有类似的特质表现出来。因此，情境论学者们认为人的行为主要就是由情境决定的，而不是特质决定的。早期的一项针对八千儿童关于诚实的研究也间接印证了Mischel 对特质论的批评，即并不存在所谓诚实的特质，只有情境性的诚实。[2] 尽管后来特质论研究者们对 Mischel 的批评进行了反驳，[3] 但这些批评的确使研究者在采用特质论的研究方法时更为慎重。尤其重要的是，这种强调情境对人格影响的观点对心理学开始从单一、局部的角度来研究人格心理向以整合的观点来思考人格的发展具有启发的作用。

　　就影响人的行为因素而言，多数研究者都倾向于认为特质与情境的相互作用决定了人的行为。[4] 因此，单单以特质分数或以情境来说明人的行为都有其局限性。最好的方法就是采取人与情境的相互作用研究法（person – by – situation approach）来研究人格，既考虑到人的特质变量，

①　W. Mischel, *Continuity and Change in Personality*, *The American Psychologist*, Vol. 24, No. 11(1969), pp. 1012 – 1018.

②　H. Hartshorne & M. A. May, *Studies in the Nature of Character*, New York: Macmillan, 1928.

③　S. Epstein, "The Stability of Behavior: I. On Predicting Most of the People Much of the Time", *Journal of Personality and Social Psychology*, Vol. 37 (1979), pp. 1097 – 1126; S. Epstein, "The Stability of Behavior: II. Implications for Psychological Research", *American Psychologist*, Vol. 35 (1980), pp. 790 – 806.

④　N. S. Endler & D. Magnusson, "Toward an Interactional Psychology of Personality", *Psycho – logical Bulletin*, Vol. 83 (1976), pp. 956 – 974; D. Magnusson, "Personality Development from an Interactional Perspective", in *Handbook of Personality*, L. Pervin (Ed.), New York: Guilford, 1990, pp. 193 – 222.

又考虑到某种情境变量，这样就能够对人的行为做出更为合理的解释。目标行动的探索就试图从这两个方面来对人格进行研究。这种强调对有意图的行动的研究，十分注重从个体与环境相互作用来分析有目的的行动，从而为揭示人格的一致性和动因提供一种新研究视角。

第四节　意志与个人计划

个人计划（Personal Projects）属于 PAC 单元的一种。它指的是与个体自己相关的一系列的行动，是 PAC 单元中最具代表性的目标分析单元。从内容上说，它涉及的范围广，小可到日常琐事，大可至世界观改造；从驱力来说，它既可以是个体自发产生的，也可以由外界的强迫所加；从相互的关系来看，个人计划也许是孤立的，也许处于计划系统的核心位置；从责任上讲，个人计划可以是个体自己关心的事，也可以是群体共同关注的焦点。因此，个人计划是一个内容相当宽泛，而形式相当多样的分析单元。虽然所有个人行动构念单元都或多或少受到个人构念和人格与环境交互理论的影响，但真正在理论和方法上具有代表性和影响性却要数个人计划。个人计划不仅独创了一套解释人格的理论，在研究方法上也有别于其他人格研究。就内涵而言，个人计划与其他 PAC 分析单元相比具有明显的不同，从而使个人计划成为 PAC 单元中最富有特色的单元。在研究个体在复杂的社会生活的种种表现时，个人计划似乎就是这样一个天然的分析单元。

一、个人计划的理论来源

个人计划的第一个理论来源是 Kelly 的个人构念理论和方法。但 Kelly 的科学人观点以及个人构念理论受到了一些研究者的批评。Little 指出，科学家的概念过于宽泛、多变，建立在这一概念上的理论模型可能不是分析日常行为的最佳方式。因为个人构念理论更多地看重人格的认知因素，而忽略了日常生活中的情感因素。① 这样，"科学人"除了能进行认知评价之外，在其他方面就无能为力了。Little 认为与其把人当作一个"科学人"，倒不如看作是一个专家人（Man - as - specialist）。专家人与科学人的不同在于，专家的构念能力只是体现在那些在生活中他们感兴趣的领域，其他的方面则并不关注；而且专家人的理论涉及对某一具体领域的感情、理解和行动，因此既包括了认知成份，又涉及行为和情感成份。

此外，Kelly 的科学人强调人的认知构念对世界的解释，Little 则试图从影响人的周围环境中去寻找元素。Little 认为人格的分析单元的选取应当涉及人的情感、认知和行为因素，而这一分析单元的最好形式就是 PAC 的分析单元，而这其中又以个人计划最具有代表性。由于个人计划是一组延伸的与人格相关联的行动，这些行动的范围非常宽泛，小可以到"打扫自己的房间"，大可以到"解放全人类"；它们既可以是个体自愿的行为，也可能是外界强加的；既可以是某一个体独有的计划，也可能是某一群体共同的追求；可能是个体生活中的一些孤立的、表面的事件，也可能触及个体价值观的核心。简言之，个人计划从概念的界定到方法的采用适合对大千世界人们复杂的生活进行分析。②

个人计划的另一理论基础是社会生态学（Social Ecology）理论。人格研究中社会生态学理论的引入，是对特质论对人格的解释的反思。如前述，Mischel 对人格特质论提出尖锐的批评与他也是一位 Kelly 构念理论的研究者有很大的关系。他认为特质被视作一种人格结构其实更多的是研究者的反应，而不是被研究者的反应。这就意味着特质如果被用来解释人的内在稳定的倾向可能是一种误用，因为人格特质的观点没有充

① B. R. Little, "Psychological Man as Scientist, Humanist and Specialist", *Journal of Experimental Research in Personality*, Vol. 6 (1972), pp. 95 - 118.
② B. R. Little, "Personal Projects Analysis: A New Methodology for Counselling Psychology", Natcom, Vol. 13 (1987), pp. 591 - 614.

分考虑到个体在环境中形成其构念的因素。因此，对人格的研究应当从社会生态学角度来考虑，从人与环境的交互影响的关系来展开，这样，才能更全面、系统地对人格进行研究。

但是应该从何种角度来研究环境对人的行为的影响呢？有研究认为环境和个体一样，并非是单一维度的，因此需要根据它对人的行为的不同影响作用来进行划分。于是他用社会生态学一词来特指与行为有关的环境变量，这一变量可分为两大类：社会变量和生态变量。前者指与个体有关的他人特性、社会文化等；后者则指气候环境、地理环境以及周围环境等。社会生态这一术语后来被 PAC 研究者采用，并被用来解释人格与环境相互依赖、相互作用的关系，一种与此有关的人格社会生态模型也因此产生。①

人格社会生态模型认为影响个体形成人格的环境因素有四个：自然环境（Physical Environment）、文化环境（Cultural System）、社会环境（Social System）和生物环境（Biological Constraints）。这四个因素共同作用，直接或间接地塑造着个体人格的形成。个体既受这些因素的影响，同时也影响着这些因素。个体与环境的交互影响在个体的认知、情感和行为层面上发挥作用，此时环境或者会对个体的目标达到提供有利的条件，或者会阻碍个体目标的实现。在个体与环境的交互作用中，PAC 单元，尤其是个人计划，在幸福感和适应性方面的交互效应是这个模型的核心假设，这一假设也得到了证实。②

个人计划分析正是基于这种理论模型的一种方法，它以一种整合而全面的分析单元来把个人构念系统与多维度的环境结合起来。个人计划

① B. R. Little & T. J. Ryan, "A Social Ecological Model of Development", in *Childhood and Adolescence in Canada*, K. Ishwaren (Eds.), Toronto: McGraw Hill Ryerson, 1979, pp. 273 – 301.

② B. R. Little & N. C. Chambers, "Personal Project Pursuit: On Human Doings and Well – beings", in *Handbook of Motivational Counseling*, W. Miles Cox & Eric Kliogen (Eds.), John Wiley & Sons, Ltd. , 2004, pp. 65 – 82.

虽然受到 Kelly 的个人构念的方法论和认识论的影响，而且个人构念似乎也并不排除环境的重要性，但个人构念强调的是个体内在的构念，注重个体对环境的构念和解释，因此个人计划与个人构念是不同的环境观。比较而言，个人构念的环境观在其方法论上只占有一个次要且派生的地位。此外，与 PAC 的其他研究领域相比，个人计划的重心是个体与环境的交互作用，这与强调心理表征的其他 PAC 单元如当前关注或个人奋斗不太一样，因为这些分析单元并不全面，没有把认知、情感和行为综合起来加以考虑。

二、个人计划的方法原则

从其理论依据出发，个人计划的研究者设计了一套研究方法，称之为个人计划分析（Personal Project Analysis）。个人计划分析的出发点是：从本质上讲，人类的行为的产生既受制于个体构念，又受制于环境，两者缺一不可，个人计划分析就是一个"情景中的人"（person - in - context）的分析单元。因此，在对人的行为做出解释以前，对人的行为和该行为产生的环境原因都进行考察是必要的。为此，个人计划分析的研究方法要遵循 4C 的预设标准，即建构性预设（Constructivism）、情境性预设（Contextualism）、意动性预设（Conativity）和一致性预设（Consiliency）。①

建构性预设指个体的自我构念、环境和日常生活事件的相互影响对个体具有很重要的意义，因此，如果要对个体与环境的相互影响进行全面的探究，就应当对个体自身的观点进行系统的分析。建构性预设包括三个方面：（1）反身性（Reflexivity），即，研究者通过设计的分析单元

---

① B. R. Little, "Persons, Contexts, and Personal Projects: Assumptive Themes of a Methodical Transactionalism", in *Theoretical Perspectives in Environment - Behavior Research*, Wapner et al. (Eds.), New York: Kluwer Academic/Plenum Publishers, 2000, pp. 79 - 88.

来解释研究对象的行为的过程应当使被研究者体验到像科学家主动进行研究的感受。反身性在实际运用中的结果就是要让被试在研究过程中体会到探究的乐趣以满足其好奇的心理，而不是把他们当作存放数据的容器。（2）个人特征性（Personal Saliency），即，设计的分析单元应当是由被研究者直接表达出来的，而不是研究者提出的。个人特征性的目的是要引出被试的自己的构念，而不是像传统的测量一样，通过问卷项目结构的方式把研究者的构念强加于被试。（3）激励性（Evocative Assessment），这种做法是采取多种多样的方法（例如多媒体技术）让被试在研究过程中感受到一种主动参与的体验，甚至达到一种研究者与被研究者双方都能够产生审美感受的效果。

情境性预设指对人的行为产生的环境进行系统的分析才能对人的行为进行合理解释的一种观点。情境性预设包括三个方面：（1）生态代表性（Ecological Representativeness），即，分析单元是否能够引出反应被试个人计划产生背景下的生态系统的信息。具体地说，就是研究的分析单元是否包括那些对日常行为起促进、阻碍或干扰作用的因素。（2）时间延续性（Temporal Extension），即，分析单元应当有助于研究持续一定时期的行为，这一方面是因为个人计划本身就是一组具有个人特征的延续性的行为，另一方面个人计划动力特性具有明显的阶段性特性，例如从计划的开始酝酿到计划的进展、完成以及遭遇的困难等都具有阶段性。（3）社会指标性（Social Indicator Assessment），这就是说，从环境的角度考虑，对人格的测评，不光要能够测评个体的人格，还要能够反映人格产生的社会环境指标。

意动性预设指分析单元应具有的意动过程的优势，即这种分析具有环境驱动的动力性特征。这一特点是只关注认知过程或只关注行为、情感因素的分析单元所不具备的。意动性的个人计划分析单元有两个特点：首先它是一种与意志有关的行动，其次它是个体追求的一种有意义的生活方式。意动性预设也包括三个方面：（1）系统测量（Systemic

Measurement），在日常生活中人们面临的不是单一的事情，而是一系列的计划。如果这些计划只是一些设想或仅仅涉及认知的因素，那么对计划的测量就不需要系统地研究。但事实上由于计划具有意动性，因此计划与计划之间存在种种潜在的时间、社会乃至道德方面的冲突，这就要求对计划的测量必须全面考虑这些因素。（2）中等水平测量（Mddle - level Measurement），个人计划是中等水平的分析单元，这就是说，它是介于更具体的行为和更抽象的价值观或追求之间的一种分析单元。中等水平分析单元的优势是它可以把具体和抽象的分析单元联结起来，从而更容易实现单元的层级性特点分析。例如，在一组个人计划中，如果其中一个计划对个体而言十分困难，并且这一计划的缺失会对其他的计划的实现产生影响，这一计划就可能处于计划系统中的核心位置，起着联结系统目标的作用。（3）模块化测量（Modular Measurement），模块化测量把测量系统比成电脑的主板，主板上的插件可以根据需要进行增删的配置。这就是说，在这种理论下的研究方法中的元素应当具有一定的弹性，可以根据研究问题的需要进行恰当的修改、增加甚至删除。这就意味着个体的计划系统虽然总的说来相对稳定，但系统也时常处于变动之中，有时甚至毫无规律可言。个人计划系统的这种特性要求测量手段必须具在一定的灵活性，而不是一成不变。

　　一致性预设指的是对人类复杂的行为研究应当从综合、跨领域的角度来进行，它也包括三个方面：（1）个案与标准化测量结合（Conjoint measurement），它的意思是计划分析单元应当既能够进行个案分析，同时又能够进行群体的标准化分析。（2）综合测量性（Integrative Measurement），即对处于环境中的个体进行评鉴，不能只局限于认知、情感或行为的某一领域，而应当综合加以考虑。（3）直接应用性（Directly Applicable Measurement），它的意思是，个人计划可以通过临床、咨询和组织变化或社区改进来达到干预、改善人们生活的目的。例如，研究发现，个体对个人计划的意义、结构、效能和支持等维度感知的增强、对压力维度的感知降低对个体有积极的影响。换言之，个人计划的改善也许并不能使人们非常快乐，但可以帮助人们更快乐。[1]

三、个人计划与其他目标理论

除了个人计划外，PAC 单元还有其他的目标行动分析单元，主要包括当前关注（current concerns）、[2] 生活任务（life tasks）、[3] 个人奋斗（personal strivings）、[4] 可能自我（possible selves）[5] 以及个人目标（personal goals）[6] 等。PAC 的这些单元可以认为是分布在一个由内至外的连续体上的单位，这一连续体的里端是个体，外端是环境，个人奋斗和当前关注指向里面的个体一端，生活任务指向外面的环境一端，个人计划

① B R. Little, "Personal Projects Analysis: Trivial Pursuits, Magnificent Obsessions, and the Search for Coherence", in *Personality Psychology: Recent Trends an Emerging Issues*, D. M. Buss, N. Cantor (Eds.), New York: Springer – Verlag, 1989, pp. 15 – 31.

② E. Klinger, "Consequences of Commitment to and Disengagement from Incentives", *Psychological Review*, Vol. 82 (1975), pp. 1 – 25.

③ N. Cantor, J. K. Norem, P. M. Niedenthal, C. A. Langston & A. M. Brower, "Life Tasks and Cognitive Strategies in a Life Transition", *Journal of Personality and Social Psychology: Person and Situation Interactions*, Vol. 53 (1987), pp. 1178 – 1191.

④ R. A. Emmons, "Personal Strivings: an Approach to Personality and Subjective Well – being", *Journal of Personality and Social Psychology*, Vol. 51(1986), pp. 1058 – 1068.

⑤ H. Markus & P. Nurius, "Possible Selves", *American Psychologist*, Vol. 41 (1986), pp. 954 – 969.

⑥ R. Karoly, "Mechanisms of Self – regulation: A Systems View", *Annual Review of Psychology*, Vol. 44 (1993), pp. 23 – 52; J. E. Nurmi, "Adolescent Development in an Age – graded Context: The Role of Personal Beliefs, Goals and Strategies in Tackling of Developmental Tasks and Standards", *International Journal of Behavioral Development*, Vol. 16 (1993), pp. 169 – 189.

则在中间，起着联结内部动机因素和外部环境因素的作用。① 既然 PAC
单元有如此多的形式，那么它们是独自互不干涉的分析单元呢，还是可
以合并为一个目标构念呢？从不同研究者研究的对象上看，PAC 的每个
单元都有一定的针对性，并且在概念上有一些共同之处，但要在独立和
合并的问题上下一个确切的结论还为时尚早。从个人计划与其他 PAC
单元的异同来看，个人计划的特点还是比较明显的。

（一）个人计划与当前关注

Klinger 是当前关注的重要研究者，他最初对当前关注的兴趣在于
研究与心理障碍相关的构念上，而不是用它来研究人格本身。因此，
Klinger 在研究动机理论时就将当前关注定义为一种状态，这种状态是
一种持续的巩固目标的神经过程，在此过程中，一旦个体确立了目标并
愿意为之努力，则目标会控制对行为的影响。② 当前关注既可以被看作
是动机构念，又可以被看作是概念聚焦，个体通过概念聚焦形成自我。
因此，当前关注有时用来指对事情的关注（Concerns About Things），有
时又指关注的目标（Goal of the Concern）。前者指的是关注的状态，是
一种动力的心理表征；后者则是实在的目标。这样，当前关注既可能指
没有实现目标的动机状态同时也可能是目标本身的一种表征，或者两者
都是。

个人计划则是从 Kelly 的个人构念理论（Personal Construct Theory）
衍生而来的。个人计划研究并不把个人构念作为分析单元，也不强调个

① B. R. Little, "Free Traits, Personal Projects and Idio‐tapes: Three Tiers for Person-
ality Research", *Psychological Inquiry*, Vol. 8 (1996), pp. 340–344; B. R. Little,
"Free Traits and Personal Contexts: Expanding a Social Ecological model of Well‐be-
ing", in *Person‐environment Psychology*, W. B. Walsh, H. H. Craik, R. Price
(Eds.), New York: Guilford, 2000, pp. 87–116.
② E. Klinger & W. M. Cox, "Motivation and the Goal Theory of Current Concerns", in
Handbook of Motivational Counseling, W. M. Cox, E. Klinger (eds), Chichester,
UK: Wiley, 2011, pp. 3–47.

体是一个科学家，而是把计划视作研究个体与环境交互作用的一个重要的人格分析单元。Little 认为个人计划是一组扩展的相关的个体行动。[1]个人计划与当前关注有两点主要区别。第一，个人计划并不强调预期目标所引发的动机状态，而是强调与目标概念相关的行动组成成分；当前关注反映的是影响行动的一种状态，但主要并不指行动，因为状态还影响思想和梦境，甚至其他的与目标有关的认知过程。第二，个人计划侧重于与目标心理表征相联系的过去、现在和将来的行动，当前关注也涉及过去、现在和将来的目标心理表征，但由于个人计划更注重行动本身，因此在研究方法上与当前关注就有相当的不同，对个人计划的测量也更为容易。

个人计划和当前关注的最明显的共同点就是两者所指的范围都非常宽泛，从非常细微的具体事件到宏观抽象的价值观都可以覆盖，从近期、即时的目标到中期、将来的目标都可以涉及。简言之，个人计划和当前关注对目标的广度和时间涉及的长度范围是其他 PAC 单元没有涉及的。

（二）个人计划与个人奋斗

个人奋斗由 Emmons 提出。按照 Emmons 的定义，个人奋斗是"个体打算通过行为来实现的具有个人特色的内容"或者"不限于时间的一系列相关的目标"。[2] 虽然个人奋斗也是一种研究人格的 PAC 构念，但它在内容涉及的范围和抽象程度上与个人计划还是有区别的。比起个人计划来说，个人奋斗是一种更具原型的（Prototypical）目的行为构念，它将不同的目标统一在一个共同的主旨下。因此，个人奋斗更强调

---

[1] B. R. Little, "Personal Projects Analysis: A New Methodology for Counselling Psychology", *Natcom*, Vol. 13 (1987), pp. 591 – 614.

[2] R. A. Emmons, "Exploring the Relationship Between Motives and Traits: The Case of Narcissism", in *Personality Psychology: Recent Trends and Emerging Directions*, D. M. Buss & N. Cantor (Eds.), New York: Springer – Verlag, 1989, pp. 32 – 44.

上位的认知过程，与当前关注一样也不具有明显的行为指向。同时，它并不只是注重当前关注，而是从长远的时间范围确定奋斗目标，从长远的关注（Life – long Concern）来看对行为的影响。

对于个人计划和个人奋斗的关系，Beck 认为个人计划和个人奋斗的区别在于作为目标而言，前者有一个时间限制。[①] 然而 Little 并不同意这一观点，从他提出个人计划这一概念以及后来他对这个概念的修正可以看出，个人计划既可以是暂时的也可以是长远的，因此个人奋斗可以归结到个人计划之下。[②] 换言之，个人奋斗也是一种个人计划。例如"做一个好老师""搞好睦邻关系"这样的个人奋斗也可以解释为个人计划。反过来说，并非所有的个人计划都是个人奋斗，例如"到香港去旅游""去购物"等就不是个人奋斗。因此，个人计划应该是一个更宽泛，更全面的分析单元，这一概念可以在相当程度上涵盖大而抽象的（molar）奋斗和小而具体的（molecular）行动或行动倾向。从这个意义上说，个人计划要比个人奋斗涉及的范围更广泛。

（三）个人计划与生活任务

生活任务的提出者是 Cantor，他把生活任务定义为"在人一生中的某个具体时间，个体花费精力从事的任务"。[③] 生活任务注重目标的情景性，尤其是个体生活的主要转折期，因此强调目标向特定时期和特定背景下要完成的特定任务的转化。[④] 生活任务实际上是在个人计划的基础上发展而来的，它同样受 Kelly 的个人构念理论影响，因此两者有很

---

① P. Beck, *Personal Projects: An Empirical Investigation of Complex Action*, Heidelberg: Roland Asanger Verlag, 1996, p. 75.

② B. R. Little, "Personal Projects: A Rationale and Method for Investigation", *Environment and Behavior*, Vol. 15, No. 3 (1983), pp. 273 – 309.

③ N. Cantor, J. K. Norem, P. M. Niedenthal, C. A. Langston & A. M. Brower, "Life Tasks and Cognitive Strategies in a Life Transition", *Journal of Personality and Social Psychology: Person and Situation Interactions*, Vol. 53 (1987), pp. 1178 – 1191.

④ ［美］珀文：《人格科学》，周榕等译，华东师范大学出版社 2001 年版，第 306 – 344 页。

多共同点。然而，作为一个研究个体与环境交互影响的 PAC 单元，生活任务在测量最能体现个体自身特点的整个内容范围时，却可能因为强调特定的情景性而不能做到这一点。例如，在主要转折期的生活任务可能会因为其他非转折期的生活任务的干扰而暂时推迟，这样，生活任务就可能是一个并不能全面体现个体自身特点的单元。当然，生活任务可能比个人计划更多地涉及个体更深层的东西，但生活任务更容易受文化或个体发展过程的偶然事件等外界因素的影响，因而它更可能是一个外加的任务，而个人计划则是一个个体自己选择的过程。

（四）个人计划与可能自我

可能自我就是指与自我相关的预期目标结果的认知表征。① 可能自我比个人计划更接近当前关注和个人奋斗，因为这三者都更注重目标表征的动机成分，而个人计划更注重相关的行动。但可能自我比当前关注在内容范围上更大更抽象，它和个人奋斗一样以内容的大而抽象和目标认知为前提条件，因此两者的相似点更多。个人奋斗从另一个角度出发也可以理解为可能自我，反之亦然。例如，"为获取博士学位而奋斗"是个人奋斗，它可以转换为"一个得到博士学位的我"，这就是可能自我了；同样，"成为一个好教师"也可以转换为"一个好教师的我"等。可能自我与个人奋斗和当前关注的区别在于，可能自我这一概念的重心在目标过程的产生状态，而后两者更强调过程本身。

（五）PAC 单元的相互关系

上述 PAC 单元的目标理论与个人计划之间既相互区别又互相联系。首先，除个人计划外的其他 PAC 单元要么强调最终的状态表征，要么强调过程导向，因此它们既有相同的地方，也有不同之处。以一个个体（例如叫小王）为例，可能自我的积极的表征如果是"作为教师的小王"，那么小王的当前关注必定源自他还不是一个教师的事实，这也就

① H. Markus & P. Nurius, "Possible Selves", *American Psychologist*, Vol. 41 (1986), pp. 954 – 969.

是说，当前关注这个术语有一个消极的隐含意义，那就是对现状的焦虑和不满，因此当前关注描述的是希望达到目的的一种状态。同样，个人奋斗也暗示了某种缺失或需要。当前关注和个人奋斗必定是为了一定的目的，而这一目的也可以称这为可能自我，由此人们也许会追求奋斗或关注，但这其中却隐含了对可能自我的解决和实现意思。反之却不尽然，人们可能会有不同的可能自我，但现在并不一定会经历奋斗的过程，将来也可能不会。

其次，个人计划起着联系其他 PAC 单元的作用。仍以小王为例，假如"一个教师的我"是小王的可能自我，对小王来说，这一可能自我的实现方式就是个人奋斗，即成为传道授业的教师。为了达到这一目的，小王需要进行一些常规的生活任务，譬如完成大学学业，获得教师资格证书，以及建立自己的人际网络等。通过努力，小王将要进行一些日常计划，有些计划与成为教师这一目标有关，有些则与这个目标有冲突，有些则没有关系但不会影响到目标。总之，小王制定的他独有的个人计划，在间接上是为了解决当前关注，为了实现可能自我和个人奋斗，为了进行常规的生活任务。这样，小王的个人计划在包容性上（Molarity）涵盖的内容就很宽泛，从细小具体的计划到宏大的价值观形成都可以涉及。因此，个人计划可以说是一个很全面的分析单元，这一单元几乎就涉及 PAC 的其他单元了。

此外，从细微具体的计划来说，虽然它们也涉及对结果的认知表征并且也表现出类似当前关注的缺失，但这些计划并不需要以个人奋斗或可能自我来推动，而且这些个人计划在范围上远远大于生活任务，因此个人计划更具有统领性；从宏观的计划来说，个人计划可能受可能自我的驱动并且涉及个人奋斗，但却与常规的生活任务关系不大。

（六）个人计划的特点

从个人计划与其他 PAC 单元的关系来看，个人计划有三个明显的特点。

第一，行动性和联系性的特点。PAC 单元从其构念的侧重点的差异来说，当前关注、可能自我和个人奋斗强调心理状态或表征；生活任务和个人计划却强调行动构念。但 Little 指出，上述两类 PAC 单元的真正区别其实不在它们是否侧重认知表征还是行动，而在于它们在目标的内在、外在定向上的不同。① 个人奋斗体现的是个体最深层，甚至终极的行动的自我目标界定，具有向自我内部的定向趋势；生活任务则更受外部环境因素的影响，是行动的社会构念部分，是外部定向。个人计划比个人奋斗更具体，同时又比生活任务更向内伸展，处于这个内在外在连续体的中间，同时触及内在和外在的动机行动，因此个人计划更能提供一个全方位的审视人格独特性的研究窗口。

第二，明确性和更易操作的特点。由于其他 PAC 单元强调心理状态或心理表征，往往容易因被试的理解不同而出现不同的概念形式，这样，当被试在对其他 PAC 单元进行分析判断时，由于抽象思维的不同而做出的反应可能与他们的真实的感受是背道而驰的，这就可能使他们的 PAC 单元并不一定能够真正具有代表性，不一定能反映被试日常活动和他们真正的目标。而个人计划强调具体的计划行动，因此可能克服可能自我、当前关注和个人奋斗因为概念的引申性而产生的缺点。从这一点上说，以行动为特点的 PAC 单元比以认知表征为特点的 PAC 单元更具有可操作性。

第三，个人计划还具有包容性更好的特点。从对 PAC 分析单元的异同来看，在它们中间实际上存在着大、中、小三种包容性不同的类型。可能自我和个人奋斗最抽象，是一个大的分析单元，生活任务是一个中等的分析单元，个人计划和当前关注涵盖了从细化的单个行动到终身的价值追求，包容性最大。就个人计划而言，它涵盖的这三种包容性的水平，大的方面涉及一个宏观水平，在这一水平上研究者要搞清楚的

① B. R. Little, "Free Traits, Personal Projects and Idio - tapes: Three Tiers for Person-ality Research", *Psychological Inquiry*, Vol. 8 (1996), pp. 340 - 344.

是目标的概念而非个人如何建构他们的目标，这种分类法可在宏观的水平上根据计划的内在规律把它们统一起来；从小的方面来看，这种分类法又强调了个体的行为特点，反映了个体如何从自身的角度来看待世界，从而建立起他们自己的构念（维度）。这种分类在宏观上架设了一座通往个人计划理论的桥梁，微观上提供了个案分析的单元，因此可以说个人计划从分类上讲其覆盖的范围非常广泛。此外，Chambers 从时间性特点来比较它们间的差别（表2.4）。[1] 这些都说明，个人计划具有明显的特点，是分析个人构念的一个合适的单元。

表 2.4　个人计划与其他 PAC 单元的比较（采自 Chambers，1997）

PAC 分析单元	包容度 1 = 大 2 = 中 3 = 小	内 - 外倾向 1 = 内 2 = 内/外 3 = 外	认知（C）或行动（A）	描述状态	时间范围
个人计划	1、2、3	2	A	未完成	现在
当前关注	1、2、3	2	C	状态	现在
生活任务	2	3	A	未完成或完成	现在、过去、将来
个人奋斗	1	1	C	未完成	现在
可能自我	1	2	C	状态	将来

由此可见，从内容范围来说，个人计划涉及从暂时到长远的广大目标领域；从构念类型来看，它是基于行动的一种构念。因此，个人计划概念对于被试而言更容易理解，建立在这一概念上的方法可能更具有操作化的特点，也更容易测量。

---

[1]　N. Chambers, "Personal Project Analysis: the Maturation of a Multi - dimensional Methodology", *Carleton University, Ottawa, Canada, Unpublished Manuscript*, 1997, from http://www.briarlittle.com/research/index.htm.

第三章

意志研究的方法

对意志的研究在方法上不外乎有两种：思辨的方法和实证的方法。思辨是哲学研究的主要方法，实证则是心理学的方法。在实证研究中，除了可以采取心理测量的方法对意志进行研究外，目标理论的方法，例如个人计划分析，也可以从一个侧面对意志进行探索。

第一节　思辨和实证的方法

一、哲学思辨的方法

意志一直被认为是哲学家所讨论的范畴，对意志研究的哲学思辨渊源也由来已久，不少哲学家、心理学家对意志都有过归纳性的论述。在第一章中也已经归纳了哲学对意志的主要观点，这些论述大都是从思辨的角度对意志问题进行笼统的描述，并没有形成十分令人信服的认识和观点，关于意志的讨论也一直是个有争议的话题，因此即使是在哲学家讨论的范围，反对意志及意志能力存在的也大有人在。[①] 在心理学的研究中，一些研究者，特别是行为主义者，干脆完全排斥对意识或意志的研究，主张心理学研究只要建立在对外显行为的分析上就够了。而多数心理学家也对意向、意识和意志等研究不感兴趣，其中最主要的原因就是对意志的界定模糊不清，难以进行量化，因而无法达成研究的共识。

---

① ［美］汉娜·阿伦特：《精神生活·意志》，姜志辉译，江苏教育出版社 2006 年版，第 22 – 28 页。

例如对意志力的解释、比较以及采取何种方法对人的有意图行为的测量，当前的研究并没有给出令人满意的回答。不过，仍有一些研究者试图从不同的角度对意志的研究进行探索。

自冯特开创实验心理学后，心理学的实证风气日盛，但与其他研究领域相比，意志几乎没有得到任何实证性的研究。在心理学的范围内，意志也大都是以内省的方式进行的。因此，在绝大多数心理学教材中，只有意志的基本概念、意志的基本特征、意志过程的分析和意志的品质等内容，这些有关意志的内容大都沿袭了意志在哲学研究中的思辨传统，至今仍然如此。

意志的讨论的研究是从哲学思辨开始的，因此思辨的结果对意志的界定影响很大，其中一个重要影响就是概念的不清晰性和不准确性，由此影响到实证研究者对意志研究的兴趣。由于缺乏对意志的实证研究，意志的心理学问题一直得不到重视。尤其自行为主义研究取向盛行以来，意志的研究更为萧条，这使意志在心理学中所占的地位岌岌可危，意志甚至被许多心理学教科书从索引条目中删去。

二、心理测量的方法

有关意志的实证研究主要集中在意志力的测量工具的编制上。就意志的测量工具而言，国内编制了一些测量工具，但由于理论的归纳并不明晰，也未见经过严格的心理测量学检验，其应用效果并不理想。对意志力的测量国外也有报告。例如，有的研究将"大五"人格量表中的责任性（Conscientiousness）部分加以改编，作为意志力测量的工具使用，[①] 同样因为定义的问题，这种工具也未获得广泛的认可和应用。另一些关于意志的界定，如从职能的角度来解释意志，由此编制了一系列

---

① J. L. Fitch & E. C. Ravlin, "Willpower and Perceived Behavioral Control: Influences on the Intention – behavior Relationship and Post Behavior Attributions", *Social Behavior and Personality*, Vol. 33, No. 2 (2005), pp. 105 – 124.

的意志测量工具，例如意志量表（The Volitional Questionnaire）、① 儿童意志量表（The Pediatric Volitional Questionnaire）② 等，这些量表甚至被翻译为中文试用。③ 不过由于这些意志测量工具在理论上界定的局限性和对象的针对性，其应用价值也不甚明朗。

意志的研究缺乏实证研究源于意志本身定义的不准确性、系统的庞杂性和影响意志因素的多样性。有研究者将当前意志研究的问题归结为研究内容贫乏、范围狭窄，内容粗浅、缺乏深层研究和有明显的方法缺陷三个主要方面，并认为意志行动的研究应该从具体而不是一般的角度来进行探讨。④

意志的实证研究虽然寥若晨星，但在现代心理学里，它也间接地以其他概念的方式顽强地存在着。例如，在前述中提到的有目的的行为、意向性、决策过程、自我控制、自我功效以及目标理论等都与意志密切相关。这些研究的方法，可以为意志的实证研究拿来所用，其中目标理论中的 PAC 分析单元，尤其是个人计划及个人计划分析，无论在理论建构还是方法适用上对意志的研究都有重要的启示。

---

① de las Heras, C. G. Geist, R. Kielhofner, G. & Y. Li, *The Volitional Questionnaire (Version* 4. 0*)*, Chicago: Model of Human Occupation Clearinghouse, Department of Cupational Therapy, College of Applied Health Sciences, University of Illinois at Chicage, 2003.

② S. Andersen, G. Kielhofner & J. S. Lai, "An Examination of the Measurement Properties of the Pediatric Volitional Questionnaire", *Physical & Occupational Therapy in Pediatrics*, Vol. 25 (2005), pp. 39 – 57.

③ 刘丽婷:《中文版儿童意志量表信效度的探讨》，台湾大学硕士学位论文，2004 年，见 http://www.teps.com.cn; 杨明山：《中文版意志量表之信度与效度研究》，台湾大学硕士学位论文，2007 年，见 http://www.teps.com.cn。

④ 杨荣华:《意志研究的缺陷及对策》，《西南民族学院学报（哲学社会科学版）》2002 年第 12 期。

第二节　目标理论的方法

上面提到的意志研究的方法，无论是哲学思辨的方法，还是心理测量的方法，都存在一些在研究者们看来较为模糊而不清楚的地方。例如，在将意志作为对象研究时，区别有意图或无意图的行为很关键，而有的时候对某些人的行为要判断是有意为之还是无意之举的确不容易（如小孩的某些行为）；其次，如果意志力是一个合适的表述，那就意味着某些事情上有些人的意志力比其他人强，而在另一些事情上则相反，这也是难以确定的，而且人们在不同事情上表现出来的行为自愿的程度是否有差异也是一个问题；此外，对意志的测量采用自陈式的报告是否完全有效？是否还有其他的方法？这些都是意志研究过程中需要认真思考的问题。为了破解这一难题，有的研究者试图从目标到行动的过程去探索意志的内涵和作用，而不是直接将意志本身作为研究对象。①这一方面是因为目标—行动的过程（可表现为意志行动）是意志的外在表现形式，另一方面目标到行动也是意志本身的实现过程。因此，对意志的研究可以转化为对意志行动的研究，而对意志行动的研究又可以转化为对目标行为的研究。因为意志行动具有强烈的目的性特征，所以意志行动也可以理解为一个目标结构，是个体有意识行动的一个方面，而这种体现意志内涵的目标理论的方法，也可以理解并运用为研究意志的方法。

一、方格技术

目标理论的方法都与方格技术（Repertory Grid Techniques）有关，这是 Kelly 发明的一种用来研究人们的构念系统的方法，它类似于结构

①　［美］珀文：《人格科学》，周榕等译，华东师范大学出版社 2001 年版，第 306 - 344 页。

访谈的技术，最初应用于临床心理的个体患者。这一方法的步骤如下：

首先，决定需要研究的领域。例如人际关系、学习目标等等。

第二步，选择一组元素。元素是所要研究领域的一些具体的例子，元素可以是研究者事先准备或由被研究者提供，也可以二者结合。例如，如果要研究某人的人际交往困难这一问题，那么就可以将与此人有交往的人作为元素。

第三步，引出构念。所谓构念（Constructs），是方格技术中最核心的部分，在 Kelly 的理论中，构念是一组两极的概念，每个人就是通过一组两极的概念，对元素进行区分工作。引出构念通常用提问的方式进行，可采用三元素法、二元素法、卡片分类法或阶梯法等进行。以三元素法为例，如果要研究人际交往，可先把每个元素分别写在不同的卡片上，任意取出三张，让被试将其分为两组，这样就构成了一个二对一的组合。然后对被试提问："从你对这些人的感受来说，哪两个与其他一个不同？""从这些人对你的感受来说，哪两个与其他一个不同？"等，使被试既能够形成对分为同一组的两个元素的相似点，又能够区分这两个元素与另一个的不同点，这样被试就形成了自己的构念。然后，让被试对此构念进行命名，如活跃—死板，严肃—幽默等。反复这一过程，就会形成多种成对的构念，得到构念的架构。当然，这种两极的划分完全取决于被试自己的构念，而不是研究者强加于被试，而且构念的两极也不是字典中的反义词，仅仅是被试自己的判断而已。

第四步，矩阵评分。上述几步后，元素和构念就已经基本形成，根据元素和构念可以形成一个元素×构念的矩阵表，通常这个表的横排为元素，纵列为构念，被试需要对元素和构念做两两的评分。评分可采用有无相关或以 5 点、7 点或 10 点量尺的方式来对相关程度进行计分。

第五步，数据分析。方格技术既可以对构念的关系做质的分析，也可以做量化分析。方格技术的研究者开发了许多量化的分析工具，这些量化工具主要采用两种分析方法：主成份分析和聚类分析。主成份分析用于探寻方格矩阵中最大的变项，是因素分析的一种；聚类分析则试图从矩阵中找出最相关的联结，从而建构出层级的群组。

个人构念在理论上强调人格的系统化和环境的重要性，在方法上没有研究者事先的内容设定，不对内容做出过多的限制，因此可以在很大程度上对被研究对象认知世界的广度和深度进行探索，具有克服研究者偏向影响和过程透明化的特点。正是由于个人构念理论和方格技术的这些特点，使得其理论和技术不仅在内容和形式上可用于类似构念理论的研究，而且这种理论和方法也被广泛应用到心理、教育、组织管理等多种领域，这说明方格技术可以应用在与其基本的理念假设完全不同的领域，具有很强的实用性。尤其重要的是，个人构念理论长于对个人、家庭和社会群体的研究，对于研究人们如何在行动中组织并改变他们对自我和世界的认识是一个十分适合的理论和方法。个人行动构念的各种方法也正是在这种技术的基础上发展起来的。

二、个人奋斗研究

个人奋斗意指个体追求目标的一种方式。评价个人奋斗时主要采取4个步骤。[①]

第一步列出个人奋斗。给出被试关于个人奋斗的定义，并列出一些有关个人奋斗的例子，以便被试更好地理解定义的意思。不同的被试列出的个人奋斗的数量不一，但平均大约在 16 个左右。

第二步列出个人奋斗的方法。让被试写出如何实现他们已经列出的每个个人奋斗的方法。例如，一个大学生写出的一种个人奋斗是"本学期英语四级考试及格"，则实现这一奋斗目标的方法可能会涉及练习听力、背诵单词、听考前讲座等活动。被试列出的实现一种个人奋斗的方

---

① R. A. Emmons, "The Personal Striving Approach to Personality", in *Goal Concepts in Personality and Social Psychology*, L. A. Pervin (Ed.), Hillsdale, NJ: Erlbaum, 1989 , pp. 87 – 126.

法平均为 4 个。

第三步对个人奋斗进行评价。让被试从第一步列出的多个个人奋斗中选出他们认为与自己关系最为密切的 15 种，然后被试从积极、消极、愉快、重要性，成功的可能性、难度、清晰性等等维度对每个个人奋斗进行评价。通过因素分析析出三个因子：奋斗程度、成功和难度。

第四步比较个人奋斗之间的关系。被试将每个个人奋斗对其他奋斗的影响进行评价，即对其他奋斗的影响是积极的、消极的还是没有影响的。这种评价目的在于了解个人奋斗之间的冲突性和一致性以及各种个人奋斗之间的等级关系如何。

三、生活任务研究

生活任务概念与个人奋斗相似，意指个体将目标向特定时期和特定背景下将要完成的特定任务的转化。生活任务的研究方法与个人奋斗也较为相似。[1] 做法是：首先让被试列出他们的生活任务并按重要性进行排序，被试平均列出 8.3 个任务；然后让被试对列出的任务分成三类成就任务和三类人际任务；接着，对这六项任务从愉悦性、难度、重要性、挑战性及控制等维度进行评价，并通过因素分析得到三个因子：消极、奖励和控制。

第三节 个人计划分析

一、个人计划与意志行动的关系

从对个人计划和意志的文献分析来看，个人计划与意志行动在内涵

---

[1] N. Cantor & C. A. Langston, "Ups and Downs of Life Tasks in a Life Transition", in *Goal Concepts in Personality and Social Psychology*, L. A. Pervin (Ed.) Hillsdale, NJ: Erlbaum, 1989, pp. 127 – 167.

上有许多共同点。首先，个人计划区别其他 PAC 单元的一个主要特征是它的行动指向性，强调对有意图行动的研究。意志是一种克服困难而达到目标的心理过程，意志行动则是它的外在表现。"意志总是和行动联系在一起的，并在人们的行动中表现出来。由意志支配的行动称作意志行动，意志行动的心理过程就叫意志。"① 意志常以语言或行动表现出来。其次，意志行动是体现意识目的性的一种形式，这就是说，意志行动有目的性，而个人计划也是目标理论的一种形式。第三，意志是意识的能动方面，是人的积极性的特殊形式，② 意志行动就是内部意识事实向外部动作的转化的结果，而个人计划以目标来解释对行动的动机作用，同样反映了意识的能动作用。

从计划或行动的组织上看，个人计划与意志行动也有着直接的联系。首先，个人计划是一系列的行动，意志行动由于要克服不同种类的程度的困难，因而其表现也会不同；其次，个人计划是有目的的行动，是目标理论的组成之一，同时，目标也是意志的重要心理结构。在任何一个关于意志的心理学定义中，目的性是界定意志的最重要的心理结构之一。

意志行动与个人计划还可以从方法上联系起来。个人计划源自个人构念的人格理论，强调个人计划的组织系统对人格的形成的重要性，注重人格特质与情景的交互作用对人格的影响，这种观念对于研究复杂的意志行动具有可行的参考价值。此外，由于个人计划在概念的内涵上与意志行动有关键的共同点，个人计划分析的方法在操作上适合用于研究意志行动。

---

① 《心理学百科全书》（上卷），浙江教育出版社 1994 年版，第 260 页。
② 叶奕乾：《普通心理学》（修订本），华东师范大学出版社 1996 年版，第 221 – 223 页。

二、个人计划分析的起源与特点

由于自我心理学（Self Psychology）的兴起，它的一个分支学科也引起了心理学家们的注意，这个新的分支就是意动心理学（Conative Psychology）。Conative 源于 Conari，这是一个拉丁文，意思是试图。意动心理学是研究和解释个体有目的活动的内容、结构和动力的学科。[①]意动心理学的根源可以追溯到西方思想中很早对意志行动或意志力的思考。而事实上，对意志的心理学研究早在西方实验心理学产生的时候就开始了，只不过后来心理学的研究重点逐渐向行为主义和认知取向倾斜，对意志的心理学研究就逐渐淡化了下来。

近二三十年来，随着目标理论研究的不断深入，对意动的研究又重新引起了心理学家的注意，人格心理学的一些新的研究动态中意动心理的苗头越来越明显，个人行动构念分析单元（PAC）其实就是这一动向的表现。作为一种测量单元，PAC 这种目标分析单元可用来研究意动或意志现象，因为 PAC 对引出意志相关的行动本身并不矛盾，而且意志相关行动也是一种有目的的行为或行动，特别是对那些对人格起核心作用的行为来说尤其如此。因此，找到一个合适的方法，并通过意动的目标研究来结合意志行动的研究，应该是一条可行的途径。

如前所述，个人奋斗及生活任务研究都可视作是意动心理学发展对意志研究的尝试，个人奋斗和生活任务的方法虽有相似之处，但个人计划和当前关注才是最早产生的 PAC 单元之一。个人计划的研究方法也早于其他 PAC 单元的研究方法，因此，个人奋斗和生活任务的方法与个人计划的方法也有很密切的关系。

个人计划的研究方法即个人计划分析（Personal Project Analysis，简

---

① B. R. Little, "Personal Projects and the Distributed Self: Aspects of a Conative Ppsychology", in *Psychological Perspectives on the Self*, J. Suls（Ed.），Vol. 4，Hillsdale, NJ: Erlbaum, 1993, pp. 157 – 181.

称 PPA），是专门为个人行动构念或意动分析单元的操作化而设计的一种研究方法。这种方法由 Brian Little 创立，强调日常的个人计划和"自由特质"（Free Traits）对生活的影响更能解释人们的行为及增强人们的福祉。个人计划分析这种方法结构建立在三个核心的假设基础上。第一，被试的计划结构应该由被试自己明白无误地呈现。如果要求被试写下或陈述他们自己的个人计划，被试能够直接明了地回答，因此 PPA 的第一步就要被试写下或说出他们的计划是什么，这样能够直接了解被试的真正计划结构。第二，计划的测量方法应该具有系统性。或者说，这种方法既可以用于个案研究，也可以用于常规的群体研究。第三是这种研究方法能够对特殊被试具有特殊的甄别能力。也就是说，在研究过程中如果需要，可以在相对固定的研究程序上加入灵活的因素，例如加入一些特殊维度来适应不同的被试。此外，个人计划还可以通过帮助个体审视和重构他们日常的个人计划来达到调整其自我概念的目的。从这三个假设要求来看，个人计划分析基本上达到了这一要求，因此这一分析方法应用于意志行动的研究也是合适的。

PAC 人格分析单元及 PPA 研究方法的出现其实是对传统的人格研究的反思和批判。这一理论认为，传统的人格研究具有一些局限性，与之相比，PPA 的分析方法有突出的优势。首先，在测量内容上，PAC 更能真实地反映被试的人格内在结构，而采用问卷或量表等工具的传统人格研究方法更多关注的是研究者的对某一人格结构的观点；其次，PPA 的方法包含更多的信息，采用问卷法进行人格测量，被试的分数一旦进行了统计，则问卷的项目就没有存在的意义了，但在 PPA 的分析中，虽然与问卷分析的方法相近，但整个与计划相关的信息（个人计划的类型以及人口统计学变量等）却可以保存下来，留待进一步的分析所用；第三，传统的人格研究是一种静态人格观，而 PPA 则是动态、综合的人格观；第四，PPA 方法更为灵活，人格的问卷测量方法有更多的限制，例如问卷编制完成后，问卷的项目是不能够随便更换或增删的，

PPA 则可以根据研究目的和对象，灵活地增加一些有针对性的测查维度；第五，PPA 更强调被试的主动参与多方法的运用，有利于把人格测量变成被试与主试的相互的积极交流过程。

由此可见，虽然个人计划分析存在一些缺点，例如在实施过程中较为繁琐，比较费时；对主试的要求也较高；而且在实际操作中并不见得适合大面积地施测。但个人计划的研究方法的确有一些优点，从理论上它强调人格的综合环境观；从方法上讲，它结合了封闭式问卷和开放式问卷的特点，并能够同时进行个案研究和群体研究。因此，通过借鉴 PPA 的方法，可以对意志行动进行更为可行而深入的研究。

三、个人计划分析的步骤

个人计划分析（PPA）的研究程序是以其理论预设和方法标准为基础的，其目的在于把研究方法与所要研究的问题联系起来，而不是勉强套用某种方法。PPA 同时借鉴了方格技术的研究方法。PPA 的研究程序是由以下几个步骤构成的，包括引出、提炼、评价等三个主要部分（图3.1）。其实施过程既可以以口头方式，也可以书面方式进行。

PPA 的第一个步骤是引出计划。在引出计划部分，首先在引导语中要明确告知被试何为个人计划并给以示例（活动、关注或计划等）。指导语说明这些活动或关注即个人计划，它指的是人们想要做的、准备做的、正在做的或者已经完成了的计划，计划的范围无论从进行的阶段还是大小的水平来说都应该非常宽泛。例如，计划可以是日常生活中常见的"打扫卫生"，也可以是十分抽象的"清除信仰中的杂念"；可以是小而具体的"完成作业"，也是可以是较为大而笼统的"克服在公共场合发言的恐惧"。计划引出要注意的是必须让被试了解个人计划这一概念的所指的涵盖范围，以便让被试能够放开思路，进一步扩大他们对这一概念的认识。同时，在给出所要研究的个人计划的定义后可以列出一些典型的事例。事例既要有代表性，又要体现出定义所覆盖的广度。这

```
┌─────────────────────────────┐
│           指导语             │
└─────────────────────────────┘
              ↓
┌─────────────────────────────┐
│          生成计划            │
└─────────────────────────────┘
              ↓
┌─────────────────────────────┐
│          提炼计划            │
└─────────────────────────────┘
              ↓
┌─────────────────────────────┐
│   计划矩阵分析之一：维度评价   │
└─────────────────────────────┘
              ↓
┌─────────────────────────────┐
│   计划矩阵分析之二：情感评价   │
└─────────────────────────────┘
              ↓
┌─────────────────────────────┐
│   计划矩阵分析之三：计划关系   │
└─────────────────────────────┘
              ↓
┌─────────────────────────────┐
│   计划矩阵分析之四：计划分类   │
└─────────────────────────────┘
```

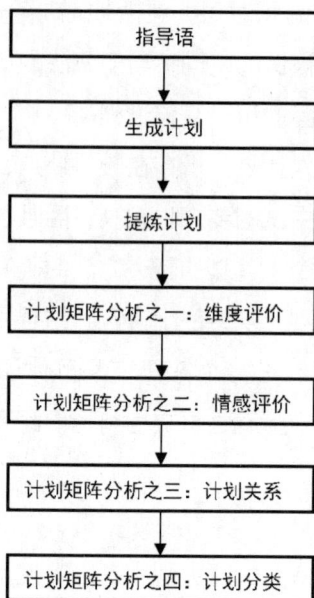

图 3.1 个人计划研究模式示意图

一点对被试理解个人计划的含义以及评价至关重要，当然这对后期的个人计划的组织结构研究也十分重要。因此，计划引出这一步骤的功能类似一个开放式的问题。在告知被试个人计划的涵义及示例之后，鼓励他们尽可能多地列出（写出）他们的活动或关注，这样就生成了他们的个人计划。在计划生成这一步中，被试通常列举的计划平均数是 15个。①

第二步被试需要从第一步列举的个人计划中，选出一定数目（通常是 10 个）的自己将要在一定时间内（例如一个月左右）进行的个人计划，或选择自己认为最能够体现其特点的那些计划，这一步骤称之为计

---

① B. R. Little, "Personal Projects Analysis: Trivial Pursuits, Magnificent Obsessions, and the Search for Coherence", in *Personality Psychology: Recent Trends an Emerging Issues*, D. M. Buss, N. Cantor (Eds.) , New York: Springer – Verlag, 1989, pp. 15 – 31.

划提炼。引出计划和提炼计划步骤的设计符合建构性预设，即研究个人计划不能预先给被试设定结构框架，只能让被试自己展示其内在的计划构念，这样才能保证被试计划构念的独特性，同时，被试在这种情况下其主动参与的积极性更强。

第三步是个人计划评价，这是 PPA 的核心部分，形式上是三种不同的个人计划评价矩阵。这一步骤直接借鉴了 Kelly 的方格技术。第一个个人计划评价矩阵是维度评价，研究的问题是被试如何看待他们所列出的个人计划。被试要在 0 – 10 的尺度上对一系列的研究维度进行评价，研究维度通常根据研究者的理论假设和研究兴趣而定，从几个到十几、二十几个不等，但通常标准的维度一共有 17 个，加上两个开放式维度。这些维度涉及具体的计划的重要性、挑战性、责任性等方面。维度的确定取决于两个方面：与个体不同变量的相关性和与个人、社会和幸福相关的标准变量的联系性。[1] 个人计划评价符合环境性预设，首先，个人计划内容本身就是在一定背景下的产物；其次，个人计划的评价维度涉及了环境因素，例如评价环境对计划执行的影响等；第三，个人计划的评价维度增加了开放式维度，对计划与哪些人实施，在什么地方实施进行了探测。计划评价模块还符合一致性预设，也就是说，这种评价方法既可进行个案分析，做法是把个案的在每个维度上的得分进行统计分析，也可以进行群体的测量，做法是把每个个案的 10 个计划在每个维度上取其平均分，然后进行群体分析（参见表 3.1）。

---

① B. R. Little, "Personal Project Pursuit: Dimensions and Dynamics of Personal Meaning", in *The Human Quest for Meaning: A Handbook of Research and Clinical Applications*, P. T. P. Wong & P. S. Fry (Eds.), Mahwah, NJ: Erlbaum, 1998, pp. 193 – 212.

表 3.1 个人计划维度评价矩阵

个人计划评价矩阵															
个人计划	重要性	难度	他人了解度	控制	责任	时间	成功可能性	自我认同度	他人看法	价值	进展	挑战	努力	支持	能力	压力	阶段
1																
2																
3																
4																
5																
6																
7																
8																
9																
10																

　　第二个个人计划评价矩阵是情感评价，研究的问题是被试对他们所列出的个人计划感受如何？情感评价的方法与维度评价类似。被试需要在不同的情感维度上以 0－10 的量尺进行评分，从 10 到 0 相关性逐渐递减。个人计划的情感维度最初是以专门维度的方式出现的，只有两个维度：积极情感（计划的愉悦程度）和消极情感（计划的压力程度），作为核心维度的补充。专门维度是个人计划中为特殊研究目的的需要或特殊被试的需要而设计的，例如在对孕妇进行个人计划研究时，可以向其询问计划对即将诞生的小孩有何种程度的帮助等。情感维度分析符合意动性预设。

　　第三个个人计划评价矩阵是个人计划的相互影响分析，研究的问题是被试列出的个人计划的相互影响关系如何？其做法是将被试提炼的个人计划同时置于一个矩阵中的横轴和纵轴，这样就形成了 10×10 的矩阵表，被试需要对每一个计划对其他的计划是否有积极影响或消极影响以及影响的程度进行评价。评价同时考虑到一个计划对另一个计划的方向性倾向。例如，A 计划对 B 计划的影响不同于 B 计划对 A 计划的影响。计划相互影响分析符合环境性预设和意动性预设。

此外，个人计划分析还可以进行层级分析。层级分析采用阶梯技术（Laddering Technique）对计划与计划间的网络层次关系进行分析，它从方向上分为两个部分：上位计划分析（Superordinate Projects）和下位计划分析（Subordinate Projects）。上位计划分析首先给被试一张印有 5 个空白栏的纸，这 5 个空白栏可以是左右方向也可以上下方向。然后，被试需要考虑在这 5 个空白栏中填入在前面写下的他认为重要的 5 个计划，在填写第一个空格时，被试需要问自己：这个计划从属于另外哪一个计划？或者直接问：为什么要执行这个计划？被试考虑完毕后，将 5 个计划按其归属的包容性从左至右或从上至下填入空格中。下位计划分析的步骤相似，只不过在确定一个计划后的指导语改为：哪一个更小的计划可以帮助实现这一计划？通过阶梯技术，被试的个人计划会呈现一种树状的网络结构，这样就可以进一步分析这些计划结构的主要特点。层级分析也符合环境性预设和意动性预设。个人计划影响关系研究和层级分析在 PPA 的研究历程中被研究者使用的次数并不多，这多半是因为这两种方法只适合人格的个案研究，并不宜进行大规模的测试。

PPA 的研究方法的雏形始于 20 世纪 70 年代末期，后来的研究模式虽然有所改变，但基本上沿袭了最初的结构。PPA 是一种能在最大程度上体现灵活性的方法，因此它的研究模式并不排斥对其的恰当修改，研究者完全可以根据其研究的目的对计划引出数目、评价尺度以及对使用哪些步骤做出选择。

第四章

意志的表现——意志行动

由于意志行动是意志的外在行为表现，并且意志行动与个人计划均可表现为不同程度的目标行动，因此研究意志行动的方法可以采用个人计划的方法。对意志行动的研究首先要搞清楚意志行动的内容，即意志行动的维度和因素构成。在此基础上分析意志行动的特点及与其他因素之间的关系。意志行动的结构研究以对意志概念的内涵分析为基础，同时根据个人计划分析的方法来建立意志行动的维度和因素研究。

第一节　界定意志行动

一、界定意志及意志行动的要点

考察意志的概念，从努力进取、克服困难方面可以将意志与坚韧性、心理弹性、控制点及自强等概念联系起来；从有目标的行动方面可以将意志与目标理论联系起来，由此综合分析得到了意志的目的性、控制性及克服困难的特点。在此基础上可将意志和意志行动定义为"意志是个体通过努力、克服困难而坚持实现自己目标的心理过程，体现这一心理过程的行动即是意志行动。"

从对意志的理论分析来看，定义意志行动的内涵、分析意志行动的结构主要要从三个方面来加以考虑：一是由概念分析及公众观调查所获得的意志特征，即拼搏性、坚持性、果断性的调控能力特征和目的性认识特征；二是意志行动的概念要反映克服困难、努力进取的动力过程；

三是要将意志行动与具体的目标计划联系起来，为运用个人计划分析研究意志行动提供理论框架的参考。这三个方面形成了界定意志行动的理论基础。

意志行动的定义与意志的定义密切相关。意志是一个克服困难的心理过程，意志行动则表现为自觉目的性、克服困难性和意识能动性的特点。这说明，意志行动应当是一个通过努力克服困难的过程，努力性应该是意志行动的一个特点。意志行动克服困难的过程还可以表现为坚持性，即对不达目标誓不罢休的一种态度。坚持性之所以重要，是因为它与意志的目的性是相辅相成的，目标的实现是意志行动的终点，能否坚持则是目标实现的保障。

对意志及意志行动的界定要坚持以下几个要点。首先，对意志的界定要体现意志品质的特征。意志品质主要涉及坚定性、拼搏性、果断性和独立性等，这些都包涵在意志的概念之中，因此对意志的界定在内涵上要具有包容性。其次，对意志的定义要体现意志实现过程的本质。努力拼搏、克服困难和实现目标是意志过程的三个主要因素，从对文献分析的结果来看，对意志的认识和理解正是围绕这三点展开的。第三，对意志的界定要结合本土和西方与意志有关的研究。本土化研究，尤其是健全人格的研究可以为意志的界定提供一个参照；西方关于个人计划的目标理论则可为意志的研究提供方法论的指导。第四，可以从具体的意志行动来研究意志，这一方面可以更准确地界定意志的定义，另一方面可以使意志的研究更具有操作性和可行性。第五，意志行动的定义还要有别于个人计划。意志行动的研究既然可以借鉴个人计划的理论和方法，那么首先就应当证明它与个人计划是两个不同的概念，有明确的界限区分。

界定了意志行动，一方面解决了意志研究的切入点问题，将意志研究置于更可操作的层面，另一方面将意志行动纳入了意动心理学的有目标活动的研究体系中，是对目标理论的一种扩展和补充。同时，意志行动可以与健全人格联系起来，在某种程度上是对健全人格实证研究的补充，为通过意志行动实现健全人格架设了一座桥梁，对健全人格的整合具有可资借鉴的参考意义。

二、两类不同的意志行动

意志行动的定义还要考虑到它的不同表现。詹姆斯[①]在对意志行动的类型进行分析后发现，意志不力时主要表现为两个方面：一类是正常行动不能出现，他称之为被阻碍的意志（the Obstructed Will），例如一个老是想早上按时起床去上课的学生总是不能做到；另一种是反常的行动无法抑制，称之为爆发性意志（the Explosive Will），例如有的人想克制一有时间就上网的习惯却总也做不到。James 认为意志行动实际是推进力量和抑制力量之间的平衡，被阻碍的意志和爆发性意志就是这两种相反力量之间平衡的不健康结果。蒙台梭利[②]则认为意志可以产生抑制和冲动两种力量，个体的行为表现反映了冲动和抑制因素的合力。意志可以抑制行动的发生，抑制出于愤怒的冲动。冲动促使个体去做某事，抑制则会使人修正、引导、利用他的冲动。这样，冲动和抑制的合力构成了个体的外在举止，当然，这种行为表现也可以成为习惯性的或无意识的。多数心理学教科书或心理学辞典在对意志及意志行动界定时也持这种观点。这就是说，意志行动在外在的表现上有两种明显的倾向，一种是对目标的激发性指向，意在执行某个行动；另一种是对目标的抑制性指向，意在阻止某个行动。这两种指向同样与目标联系在一起。

日常生活中，意志不力时在行动上会表现为阻碍的意志或爆发性意志，与之相对应，意志表现良好在行为上则可分为激励型和克制型两种意志行动。激励型意志行动就是通过努力坚持做自己认为应该做的行动

---

① W. James, *Psychology: Brief Course*, New York: Holt, 1892, pp. 537 – 539.

② ［意］《蒙台梭利幼儿教育科学方法》，任代文主译校，人民教育出版社 1993 年版，第 726 – 735 页。

（例如：背英文单词）；克制型意志行动则是通过努力克制自己认为不应该做的行动（例如，不贪图温暖的被窝按时起床），这两种行动都是目标实现的过程。意志行动可能涉及日常生活情景、学校、家庭及社区的各方面活动，也可能与学习、工作、生活、社交乃至休闲有关。

在理论上对意志及意志行动进行界定且对意志行动的类别确认之后，就可以根据个人计划分析的方法来分析意志行动的结构。由于借用了个人计划分析的方法且个人计划与意志行动均可视作是目标行动的组成部分，具有较为相似的特征（譬如背诵英文单词既可以是个人计划，也可以是意志行动），因此首先需要分析采用同样方法的这两个概念的差别。

根据 PPA 的研究方法，采用引用计划的步骤让被试列举意志行动，对被试列举的意志行动进行内容分析，以确定被试列举的意志行动是否体现了对意志行动的界定及两种意志行动的分类。同时，也对被试列举的意志行动数目进行分析，以确定在正式研究中，要求被试评价的意志行动数目更为合理。

共有 93 名大学生被试参与此次调查，其中男生 41 名，女生 52 名。采用 PPA 研究方法中的引出计划部分，在本研究中为引出意志行动。调查采用集体施测。引出意志行动首先呈现指导语：

> 您将要参加的是关于意志行动的研究。我们认为，意志就是通过努力克服困难并坚持实现自己目标的心理过程，反应这一心理过程的行动，则是意志行动。个人的意志可以在日常生活的行动中反映出来，这些行动我们称之为意志行动。
>
> 意志行动可以分为两类，一类是激励型的意志行动，即通过努力坚持做自己认为应该做的行动（例如：背英文单词）；另一类是克制型的意志行动，即通过努力克制自己认为不应该做的行动（例如，不贪图温暖的被窝按时起床）。意志行动可能涉及您在日常生

活情景、学校、家庭及社区的各方面活动，也可能与您的学习、生活、社交乃至休闲有关。让我们先来看一下诸如此类的例子。

此后可以呈现一些意志行动的事例。然后要求被试：

　　首先您要花十几分钟的时间来想一想在您的生活中有哪些意志行动？请您尽可能多地列出这些意志行动。

结果共得到意志行动 1200 余项，平均每个被试大约列出努力坚持的意志行动 8 项，努力克制的意志行动 5 项。合并意义重复项（例如，坚持早起、坚持 7 点起床、坚持 6 点半起床；坚持跑步、坚持每天跑步、坚持隔天跑步等）后共得到 102 项坚持的意志行动、57 项克制的意志行动。

（一）102 项坚持的意志行动分类列举

A 宏观而抽象的意志行动列举

　　坚持反思；坚持自信；坚持少说话，多做事；坚持珍惜时间；坚持完善自我。

B 中等意志行动列举

　　坚持上课集中精力；坚持写作；坚持自己制定的学习计划；坚持独立完成任务；坚持考研究生；坚持学习；坚持勤俭节约；坚持省钱；坚持参加社会实践；坚持帮助别人；坚持为同学服务。

C 微观而具体的意志行动列举

坚持按时完成作业；坚持练习钢笔字；坚持去图书馆查阅资料；坚持图书馆自习；坚持做外语试题；坚持读外语文章；坚持上自习；坚持按时上课；坚持练习外语听力；坚持记外语单词；坚持晨读外语；坚持去英语角；坚持练习普通话；坚持读唐诗宋词；坚持早起；坚持每天背一首诗歌；坚持写读书笔记；坚持外语口语练习；坚持锻炼身体；坚持跑步；坚持练瑜伽；坚持游泳；坚持跳绳；坚持做仰卧起坐；坚持减肥；坚持洗冷水澡；坚持按时睡觉、起床；坚持打羽毛球。

（二）57 项克制的意志行动列举
A 宏观而抽象的意志行动

无

B 中等意志行动列举

饮食无规律；铺张浪费；买无用的东西；胡思乱想；忧郁；胆小怕事；焦虑；烦躁不安；易怒；随大流；举棋不定。

C 微观而具体的意志行动列举

上网；煲电话；上网聊天；玩电脑游戏；听广播；看电视剧；发短信；睡懒觉；开卧谈会；熬夜；晚上拼命吃东西；吃辛辣食物；贪吃；贪睡；睡前吃东西；吃零食；喝酒；吸烟；吃油炸食品；乱花钱；考试作弊；浪费时间；上课说话；上课打瞌睡；逃课；抄作业；吵架；说脏话。

从被试列举的意志行动来看，无论是激励型还是克制型的意志行动，主要都是与具体的生活事件有关的目标活动，宏观而抽象的意志行动类型较少。

三、意志行动与个人计划的区分

根据综合的意志行动，再让参加本次调查的被试对列举的所有意志行动进行是否是典型的意志行动的判断，并要求被试对每个认为符合意志行动涵义的项目用时间来加以限定。例如，如果认为坚持上课认真听讲是意志行动，则可用"每次"来限定坚持的程度；如果认为坚持练习英语听力是意志行动，可以用"每两天"来做限定，等等。结果发现：在坚持时间上即使是类似的意志行动被试间对时间的评价也有差异。这说明，意志行动具有鲜明的个性特点，每个人的意志行动与他人均有不同，这可能就是为什么基本不存在某种共认的意志行动的原因。这说明，对意志行动研究采用 PPA 的模式，能够体现意志行动的个人特征性。

同时，意志行动也具有一些共同特征，例如，大部分被试认同的意志行动均是较为具体化的行动，一般意义上的抽象行动认同度很低，这从另一方面说明了意志行动的具体性。此外，根据被试对意志行动的时间限定的描述，大多数的意志行动需要用一定的时间来做限定，并且多数坚持时间在一周之内，而一个抽象的计划或目标，或一个不经努力的行动是不需要用时间来限定的。这就在时间范围内解释了意志行动为什么不同于其他 PAC 单元。

个人计划是一个庞大的目标行动体系。就内容而言，它涵盖了从微观具体事情到宏观抽象的几乎所有的有目的的方案和设想，小到"洗自己的袜子"，大到"做一个虔诚的宗教徒"以及"创立一个学派"，都可能涉及；而意志行动主要涉及具体而可操作性的计划内容。从性质上看，个人计划既可以包括克服困难的意志行动，也包括了更广泛的但却是不经过克服相当困难就可以做到的目标计划，这些行动可能本身就是计划制定者所喜爱的，如"每天吃一颗巧克力"；而意志行动却是指经过努力、克服一定困难才能实现的行为，例如"每天少吃一顿以减轻体重"。从驱动力来看，个人计划既可能是仅仅是外部因素强加的，这时候完成目的就是个人计划的最终任务，也可以是内部因素激发的，例如自身生理的需要；意志行动由于具有强烈的自我特征，因此总的来说是个体的主动选择的结果。从行动完成的时间上看，虽然同个人奋斗一样，个人计划也可以涉及坚持（尽力获得）和克制（尽力避免）两种类型的计划，[①] 但个人奋斗和个人计划的执行过程可以是一次结束的，意志行动却需要反复进行。例如，"打扫寝室卫生"的个人计划内容可能是"本周打扫寝室卫生"或"明天打扫寝室卫生"，但意志行动却是"坚持每周打扫寝室卫生"。

意志行动的范围主要涉及具体而现实的行动内容，考虑到这 159 项意志行动有的是通过合并意义而得的，因此每个项目要更为具体一些。根据对全部意志行动的内容进行分类分析，共可得到学习、健康、自我、生活、职业、人际关系、休闲七个分类。由于我们对意志行动研究的主要对象是大学生，而这几种分类与大学生的生活和学习环境密切相关，基本反映了影响大学生人格的环境变量，与 PPA 关于个人计划的分类标准大体一致。因此，从被试所列举的意志行动来看，意志行动的定义起到了较好的引导作用，被试所列举的意志行动与意志行动的界定基本吻合。

从引出的意志行动数目来看，被试平均大约列出了 13 个意志行动，这要比个人计划平均引出 15 个稍少，个人计划据此确定正式研究中要求被试列举 10 个左右的个人计划。以此分析，意志行动在正式实测时

---

① R. A. Emmons, "The Personal Striving Approach to Personality", in *Goal Concepts in Personality and Sociall Psychology*, L. A. Pervin (Ed.), Hillsdale, NJ: Erlbaum, 1989, pp. 87 – 126.

采用 8 个较为合适。

前面对个人计划与其他 PAC 单元分类在容度、内外倾向、认知和行动以及时间标准等方面进行了比较。按照这些标准来看，个人计划在内容上与意志行动的区别就是它的范围更大（见表 4.1）。

表 4.1 意志行动与个人计划的比较分析

个人计划 与 意志行动	包容度 1 = 大 2 = 中 3 = 小	内 – 外倾向 1 = 内 2 = 内/外 3 = 外	认知（C） 或 行动（A）	描述状态	时间范围
个人计划	1、2、3	2	A	未完成	现在
意志行动	3	2	A	未完成	现在

综合来看，对意志行动而言，它区别于个人计划主要可从三个方面来考虑。第一是列举意志行动时被试所生成的意志行动数目比生成的个人计划数目更少（生成个人计划的平均数目 15 个，生成意志行动的平均数目 13 个），这说明个人计划是一个比意志行动包容性更大的概念，因此被试生成个人计划的数目要多于生成意志行动的数目；第二是两者内容和性质上有所区分，个人计划和意志行动都可以表现为一定的目标计划行动，但意志行动不仅强调目标，更强调行动的坚持性和努力性调控能力特征，但并非所有的个人计划皆具有这一特点；第三，两者在个人计划区分于其他 PAC 单元上的标准应该有异同。

由此可见，个人计划单元与意志行动具有一些共同点，这些共同点是 PPA 研究方法可以运用于意志行动的基础之一。不过，由于意志行动在包容度上与个人计划的差异，在一定程度上个人计划甚至涵盖了意志行动的内容。因此，意志行动可以理解为一种特殊的个人计划，这就为意志行动借用个人计划的分析方法提供了更可靠的依据。从另一个角度上说，通过对被试所列出的意志行动的类型分析也基本解释了对意行动界定的合理性。

第二节　意志行动的维度

在 PPA 的几个步骤的研究中，对个人计划的维度（Dimension）评分是最核心的部分，这是因为维度的选择和建立是与个人计划的基本理论相吻合的。因此，就 PPA 的研究方法来说，虽然维度的选择完全具有灵活性，可以根据研究者的研究内容和兴趣来取舍，但标准的个人计划的维度却是基于其理论对上百种维度的综合而生成，具有相对重要的参考价值。由于意志行动在内容范围上与个人计划的联系和方法上对个人计划分析的借鉴，PPA 的维度可以作为意志行动维度的参照标准之一。不过，在 PPA 的维度应用于研究意志行动之前，仍需要从理论和实证的角度加以分析和验证。

一、如何确立意志行动的维度

（一）从理论构架确定维度

Omodei 和 Wearing 曾经对个人计划进行了分类。他们把在其研究中的 37 个维度按照不同研究者的相关理论划分为四类：积极情感相关维度（Positive Affect - related Dimensions）、消极情感相关维度（Negative Affect - related Dimensions,），24 个需要满足维度（24 Need Satisfaction Dimensions）和 4 个投入维度（4 Involvement Dimensions）。① 这种划分有一定道理，但未必能够概括个人计划的诸多维度，因此不见得合适恰当。

Little 认为个人计划是一组相关的行动系列，是个体的具有行动倾

---

① M. M. Omodei & A. J. Wearing, "Need Satisfaction and Involvement in Personal Projects: Toward an Integrative Model of Subjective Well - being", *Journal of Personality and Social Psychology*, Vol. 59 (1990), pp. 762 - 769.

向的构念，这种构念与人格的行为、认知和情感三因素融为一体。① 因此个人计划的分类应当围绕这三个方面来展开并以认知—情感为主线来进行划分。例如，维度包含的"如何看待个人计划"就是一个认知评价，而"如何体验个人计划"就属于情感评价了。由于个人计划的研究方法和理论源自 Kelly 的个人构念，而个人构念主要是以研究认知维度为个体构念的，所以早期的个人计划多半也是从认知维度上来开展研究的。随着时间的推移，不断有情感维度加入了进来，使积极情感维度、消极情感维度甚至中间维度逐渐被广泛采用。

从行为、认知和情感三个方面来分类似乎过于笼统而不具体，但个人计划强调人格的情境的重要性，因此它的维度就应当能够区分理论与实践的程度、认知和情感的差别，并要能够探知个人计划在酝酿、实施及完成过程中其方方面面与个体及个体的计划相关的环境的关系，这样它的维度涉及的面自然就相当宽泛了。这就好比人格特质一样，它也是多种多样的。因此，在理论上从行为、认知和情感三个方面来考虑意志行动的维度也是可行的。此外，考虑到意志行动与个人计划的区别，在分析意志概念内涵的基础上仅把个人计划维度作为一个参考，而不是盲目套用是完全必要的。

（二）从研究对象确定维度

从 Kelly 的个人构念到 Little 的个人计划，他们都强调人格测量要突出个体自己的特性，因此个人构念和个人计划的维度应当围绕个体的特点来进行取舍。但在确定维度时应当考虑，具有特点的维度可能并不一定对被试有意义，并不符合某种被试群体的倾向性。这一点相当重要，因为 PPA 对人格的假设是，人格并不是以稳定的静态的特质出现的，因此通过严格的统计手段来限定维度并不是 PPA 的研究方法，而且

---

① B. R. Little, "Personal Projects Analysis: Trivial Pursuits, Magnificent Obsessions, and the Search for Coherence", in *Personality Psychology: Recent Trends an Eemerging Issues*, D. M. Buss, N. Cantor (Eds.), New York: Springer – Verlag, 1989, pp. 15 – 31.

PPA 强调的人格的情境化特点也使得每个 PPA 研究者不可能在提出一个研究问题时都对每个维度是否有意义进行考证。但是，这并不是说 PPA 研究者对维度的选取是随意而没有要求，或者完全不遵循统计学的要求的。PPA 只是反对以静止孤立的眼光理解人格，但却力图使其研究维度建立在与被试相关的合理的基础之上。

从被试的角度来确立维度可以从两个方面来考虑。一个方面是从研究者的研究兴趣入手，在标准维度之外加入了一些他们认为对被试有意义的维度，不过这些维度需要进行仔细的理论推敲和研究论证。如果这些维度与研究对象的关系不大或没有关系，这些维度就必须抛弃。由于加入了维度，还要避免在研究中形成矩阵过度（Matrix – overload）的情况，这也就是一个在矩阵中应该有多少维度和项目才合适的问题。实证中虽然没有对此进行研究，但一般认为一个矩阵中的项目数最好不要超出 250 个。① 另一个方面就是通过定义潜在维度来匹配与被试的结构，这可以用多个维度来定义某一个潜在的构念。这样，当反映被试的一个构念时，如果一个维度对某一个被试不起作用，那么另一个就可能起作用，通过对相关维度的离中趋势分析就不仅可以探明构念的差异，还可以找到构念的相同之处。当然，在潜在构念维度的取舍上还要考虑特殊被试和研究理论的构想。个人计划在做普通人群的研究和做临床咨询的个案研究时对维度要求是不太一样的，个案研究时就不能简单套用标准维度，必须根据被试特点维度进行调整，适当减删，必要时还可以结合其他的研究方法。同样，对那些被试不能主动生成但却具有更大解释效力的维度就不能删除。

个人计划对情境的强调对意志行动维度的确立有两点启示：第一，从西方大学生被试研究中得到的个人计划维度对超出大学生这一被试群可能并不合适；第二，即使将这些维度运用于大学生被试，但在不同文

① B. R. Little, "Personal Projects Analysis: A New Methodology for Counselling Psychology", *Natcom*, Vol. 13 (1987), pp. 591 – 614.

化背景下时也需要谨慎对待之，具体分析。因此，根据个人计划的研究方法，在意志行动维度的设定和选择上要注意两点，首先是要避免使用与被试群无关的维度，其次是要注意不要遗漏对被试来说十分关键的维度。由于我们在研究中的被试多为大学生，而多数心理学研究也是如此，因此，通过对大学生被试的预测来确定维度是否合适也是可行的。

二、个人计划的标准维度

PPA 的研究方法中最大也是最主要的问题就是它的维度的选择。从 PPA 的提出到其随后的研究中，一共有 250 多个相关的维度被不同的研究者采用。对一个问题进行如此多的维度研究总会有人提出疑问。例如，这些维度究竟反映的是被试还是研究者的人格倾向？还有，研究者把不同的维度放在一起进行分析，究竟是体现了个人计划的内在的全面特点，还是只是研究者自己的看法？从心理学研究的角度上说，这些疑问都有一定的道理，但任何的研究方法都不可能做到尽善尽美，因此这也是心理学研究中任何一个方法都不能完全克服的问题。事实上，从 PPA 多年来在多个国家的跨文化研究中看，PPA 的这些维度研究至少能够部分说明个体是如何在建构自己的日常的微观和宏观的计划的。

到目前为止，在 PPA 的多种计划分析研究中总共出现过多达两百多个维度，虽然有些维度最后被合并在标准的 17 个维度中，但如此庞大的维度量却并未进行过系统的分析研究。不过，维度的数量虽然庞大，但并非没有条理，因为维度的提出总是与研究被试或研究的问题有关，是某种形式的分类。因此，PPA 的维度主要从三种方法加以分析：第一是因素分析，如果能够将所有的 PPA 维度放在一起进行因素分析，那么也许会产生一些有意义的结果，但将不同时期、不同背景下的维度放在一块分析又违背了 PPA 强调人格情境性的基本理论基础和不同研究的目的，况且，早期研究的数据也难以获取。因此要把所有的维度放在一起本身就不太可能。这样，因素分析只能针对部分维度进行分析，而对不同的维度进行因素分析又会得出不同的因素结构，后果可能是几个维度会被分配到几个不同的因素上。① 如果这样，因素分析不但不利于维度的分类，反而会增加分类的复杂性。第二可以根据维度在不同的研究时期进行分类。不过由于维度过多，所以这种分类可能会有些混乱并且非常繁琐。当然以时间为分界线可能有助于 PPA 的维度发展过程的展示，但它对维度内部之间的关系帮助不大。第三就是根据维度内部间的逻辑联系来分类，这种分类无所谓对错，但多少有些用处。

可见，对 PPA 维度的分类和应用必须从研究的实际出发，根据研究假设和理论框架来确定维度使用的类型和数目。

尽管个人计划的研究维度众多，而且在研究的过程中还不断有新的维度被研究者添加了进来，但多数研究仅使用了 17 个标准维度模式，这 17 个维度是研究者根据理论假设和实际应用的重要性而确立，并在实证分析中得到了验证的。② 然而就是这标准的 17 维度也并非是一成不变的，仍然可以按照研究者的意图进行修改。不过，由于受传统人格心理学方法的影响，心理学研究者出于对测量的信度和效度的考虑并不太愿意对这一灵活的研究模式进行改变。然而，PPA 的方法认为，如果对某一种方法的应用不能够更好地反映研究对象的特点，那么这种方法对效度的危害要比改变测量的信效度要大得多。因此，从理论构建和从研究对象出发来考虑维度的建立才是最重要的。

个人计划分析的标准维度共有 17 个，它们的名称和意义分别是：

---

① B R. Little, "Personal Projects Analysis: Trivial Pursuits, Magnificent Obsessions, and the Search for Coherence", in *Personality Psychology: Recent Trends an Emerging Issues*, D. M. Buss, N. Cantor (Eds.), New York: Springer – Verlag, 1989, pp. 15 –31; K. Salmela – Aro & J. Nurmi, "Depressive Symptoms and Personal Project Appraisals: A Cross – lagged Longitudinal Study", *Personality and Individual Differences*, Vol. 21 (1996), pp. 373 – 381.

② T. S. Palys & B. R. Little, "Perceived Life Satisfaction and the Organization of Personal Project Systems", *Journal of Personality and Social Psychology*, Vol. 44 (1983), pp. 1221 – 1230.

1. 重要性（Importance）：这个计划对你而言有多重要？

2. 难度（Difficulty）：这个计划你做起来有多难？

3. 他人了解度/了解性（Visibility）：你周围的人对你的计划了解如何？

4. 控制力（Control）：你觉得自己能在多大程度上能够控制自己的计划？

5. 责任性（Responsibility）：你觉得自己在多大程度上有责任完成这一计划？

6. 时间性（Time Adequacy）：你花在这个计划上的时间有多合适？

7. 成功可能性/结果性（Likelihood of Success）：你认为计划的成功可能性有多大？

8. 自我认同度（Self Identity）：每个人都有自己喜欢、擅长做的计划，这些计划能够体现一个人的个性，因此这些计划也可被视作是某个人的典型特征。例如，有些人一有机会就会去进行体育运动，有人喜欢阅读，还有的人则善于社交等等。你自己的典型特征是什么，然后写出你的计划能够体现你的特征的程度。

9. 他人对重要性的看法/评价性（Other's View）：你周围的人认为你的计划的重要性如何？

10. 价值性（Value Congruency）：你的计划在多大程度上与你所持的价值观一致？

11. 进展度（Progress）：目前你的计划完成得怎样？

12. 挑战性（Challenge）：你的计划的挑战性如何？

13. 努力性/拼搏性（Absorption）：你对计划的努力程度如何？

14. 支持性（Support）：你认为在多大程度上亲友支持你的计划？亲友的支持和帮助可有不同的形式，例如情感支持（鼓励、赞扬），经济支持（金钱和物质）等。

15. 能力性（Competence）：你认为在多大程度上你有能力完成你的计划？

16. 压力性（Pressure）：你完成计划的压力有多大？

17. 阶段性（Stage）：这个计划是在酝酿、决定、进行还是已经完成？

三、意志行动维度的确立

从标准的个人计划分析维度来看，这些维度一方面体现了个人计划认知、情感和行为的因素（情感维度在另一个步骤分析），另一方面从个体与环境的交互影响来设计了维度结构。除了这 17 个标准维度外，研究者还可以根据研究需要和被试的特殊性增加特别维度，以及开放式的社会情景维度。基于对个人计划和意志行动的关系分析，意志行动可以同样被视作是一种 PAC 单元，因此个人计划维度可以为意志行动理论维度的建立提供一个参考标准。通过对个人计划维度应用于意志行动的分析，也有助于在理论上区分两者的关系。

此外，由于意志行动与自强的密切关系，而自强是健全人格的核心组成部分，因此还可以从个人计划维度与自强内涵的关系上来考虑其应用于意志行动的可行性。从个人计划的维度上看，压力、难度以挑战反映了任务的压力程度；对个人计划或行动意义的认识（如重要性、责任性和价值观）在某种程度上说明了个体对目标的评价程度；个体的努力度、控制度以及计划的进展度可能又说明了对计划或行动的控制掌握程度。而压力、目标以及控制与自强都有较大的关系。因此，个人计划维度不仅从与意志行动内容的匹配上分析是适合的，从意志与健全人格的关系上分析也是可行的。

为了更准确地分析个人计划维度是否适用于意志行动分析，我们对大学生对个人计划的标准维度与意志行动的相关认识程度进行了考察，同时对被试提出的影响意志行动的其他主要因素进行分析。

本部分研究采用封闭式与开放式调查相结合的方法。在封闭式调查中，列出上述 17 个个人计划维度，给出维度的涵义。要求被试根据意志行动的意义判断这些维度对描述意志行动的内涵的重要性如何？被试需要对每一个维度在非常重要、比较重要、一般、有点不重要和根本不重要的五点量尺上进行判断。在开放式调查中，提示被试如果认为还有其他影响意志行动的因素没有列出，请其补充在空白栏中。共有 68 个大学生被试参加了此次调查，其中男性 30 名，女性 38 名。均为全日制在校本科大学生。

表 4.2 给出了被试对个人计划维度应用于评价意志行动涵义的重要性均值和重要/不重要百分比。总体上看，被试认为几乎所有的维度均对意志行动的内涵具有重要、比较重要或非常重要的意义（每个维度的累积百分比超过 80%）。数据分析显示所有维度基本达到了可以接受的程度。个人计划的维度用于意志行动测查在大学生看来基本可以接受。由于意志行动维度的确定经过了理论考证，被试对维度的评价可以只做一个基本的参照指标。因此，还需要了解被试对给定的维度之外其他因素的看法。

表4.2 大学生对意志行动维度重要性评价的百分比

维度	1 根本不重要%	2 不重要%	3 有点重要%	4 比较重要%	5 非常重要%	M
N1 重要性	0	0	3.6	55.4	41.1	4.517
N2 难度	0	1.8	33.9	42.9	21.4	3.839
N3 控制力	0	5.4	48.2	33.9	12.5	3.535
N4 时间性	0	5.4	23.2	46.4	25.0	3.910
N5 成功可能性	0	7.1	35.7	46.4	10.7	3.607

维度	1 根本不重要%	2 不重要%	3 有点重要%	4 比较重要%	5 非常重要%	M
N6 评价性	8.9	26.8	39.3	23.2	1.8	2.821
N7 价值性	0	1.8	21.4	51.8	25.0	4.000
N8 认同度	1.8	5.4	21.4	41.1	30.4	3.928
N9 挑战性	0	5.4	39.3	39.3	16.1	3.660
N10 进展性	1.8	3.6	48.2	35.7	10.7	3.500
N11 努力性	0	1.8	26.8	33.9	37.5	4.071
N12 支持性	0	14.3	37.5	30.4	17.9	3.517
N13 能力性	0	1.8	28.6	50.0	19.6	3.875
N14 主动性	0	0	25.0	41.1	33.9	4.089
N15 了解性	0	3.6	19.6	42.9	33.9	4.071
N16 责任性	1.8	0	19.6	42.9	35.7	4.107

在开放式空栏中，被试提出了他们自己认为的其他对意志行动来说重要的因素。（表4.3）

表4.3　被试列举的影响意志行动的其他因素

类型	影响意志行动的因素
情绪	新鲜或自己喜好事物发展对意志的影响；压力；心情的影响；对未来的向往；我完成意志行动时的心情；我的心情对意志行动的影响。
环境	自然环境条件对意志行动的影响；别人的行为；环境影响非常重要；朋友的影响（积极或消极）；意志行动实现所需条件；周围人的意志行动（从众）；周围环境的影响；社会舆论的压力；意志行动对他人的影响；所处的生活环境学习环境对我意志行为实施的影响；同伴是否完成意志行动；我处的环境对意志行动的影响。

续表

类型	影响意志行动的因素
目标认识	理想；信念；目标明确；意志行动实现带来的结果；意志行动不实现的严重后果；对没有坚持意志行动的后果设想；意志行动的必要性；意志行动所需时间；意志行动与做人原则的一致性；意志行动是否遵从客观事实；意志行动的意义对行动的影响；意志行为的经验与教训对于我很重要；意志行为的结果不是很重要。意志行为失败的原因很重要；身体健康状况对意志行为影响；我完成意志行动的过程很重要；自己的反省意识。

从被试填写的结果看，被试认为影响意志行动的因素主要可以分为情感、环境（主要是人际环境）和目标认识三个方面。在个人计划维度中，目标认识可以用目标意义来表达，人际环境可以用社会影响来表达；情感因素则是单独列为一个矩阵。因此，大学生列出的影响意志行动的因素，也都包含在个人计划分析的研究框架之中了。

通过分析个人计划的维度特点，结合对意志和意志行动概念内涵的研究，以下几点可以作为意志行动维度选取的参考。第一个方面是对意志行动目标的评价，可以包括重要性、责任性和价值性，这几个维度与目标有关；第二个方面是自我控制，可以包括成功可能性、努力、进展性、控制力以及阶段性，这几个维度与控制有关；第三个方面是意志行动压力，可以包括难度、挑战和压力，这几个维度与困难有关；第四和第五个方面分别是积极情感和消极情感，这几个方面既体现了意志行动与个人计划的联系性，同时与意志行动的理论假设也较吻合。

从被研究对象的特点来看，被试基本上认同上述维度对意志行动的重要性解释，表明这些维度作为对意志行动的分析可以参考。同时，被试列举的影响意志行动的情绪、认知、环境和目标因素与个人计划中的研究框架基本吻合，说明个人计划的维度较为合理，可以用于意志行动的分析。

个人计划的维度确定取决于两个主要因素：理论构想和研究内容，

这是个人计划区别于个人构念的一个主要环节。个人计划的维度取舍虽然具有相当的灵活性，但同时需要考虑到对被试的意义及前期研究的结果，从 PPA 多年的研究来看，已经基本上形成了以 17 维度为相对成熟和稳定的一个框架。但是，虽然个人计划与意志行动有诸多共性，但意志行动具有自身的特点，因此在借鉴个人计划维度时，需要对这些维度从命名到内容进行修订，进行合乎理论分析的增删，以符合意志行动本身的特点和中国文化背景下的研究对象。

总的来说，被试基本上认为个人计划维度可以用于解释意志行动；个人计划的维度对意志行动的研究具有参考意义，意志行动的结构研究可以借鉴个人计划的维度。

标准的个人计划维度要求被试对 16 或 17 个个人计划以 0—10 进行评分，经过统计分析后通常可以得到五个因素，即计划意义因素，包括愉快、价值性、自我认同、努力性、重要性；计划结构因素，包括主动性、控制力、时间合适性、积极影响、消极影响；计划支持因素，包括他人了解度、他人看法；计划压力因素，包括压力、挑战性和难度；计划效能因素，包括进展性、成功可能性。计划意义因素的意思是就被试来说个人计划被视作有意义还无意义；计划结构说明的是计划是有组织的还是无序的；计划支持则评价计划为人所知和受人支持的程度；计划压力探明是否计划超出了个体应对的能力；计划效能则说明个体计划过去和将来是否会进展良好。这五个因素的出现取决于在 PPA 研究中所采用的维度是否涵盖了因素下的所有维度，如果只采用了其中部分维度，则在因素分析中可能不会出现五因素的结构，取而代之的可能是更少的因素。这说明，PPA 的五因素评价结构只是一个可供借鉴的结构形式，它的意义在于给进行相似研究的研究者提供一个参照的标准。因此，虽然意志行动可以借用个人计划的维度，但仍需从以下三个方面加以考虑。

首先是理论的基础。在界定了意志行动定义后，根据定义的内涵，通过对意志概念的理论基础分析，可以确定意志行动的主要组成部分。意志行动定义是：反映个体通过努力、克服困难并坚持实现目标的心理过程的行动。根据这一定义内涵可以将意志行动分解为意志行动目标、意志行动调控能力和意志行动困苦三个方面。从这三个方面来看，目标是意志行动的方向，调控能力是意志行动的直接动力，困苦则是依存的条件。进一步分析，目标意义和价值是涉及目标的重要方面；调控能力则是意志概念的核心内容，例如拼搏性、坚持性以及果断性等特征；困苦则是执行意志行动所面临的困难条件，或者是令人振奋的高要求的行动，表现为行动的挑战性，或者是不易完成具有难度的行动，表现为行动的难易性。三个方面较好地反映了意志行动的定义，体现了意志概念的内涵，并与意志概念的文献分析也较为吻合。

其二是对个人计划维度的修订。意志行动维度的确定还可以通过对个人计划维度的修订来分析。修订主要从以下几个方面来考虑。第一，修改个人计划的计划意义因素。计划意义因素总体上体现了意志概念内涵的目标结构，即对目标性质的概括，例如目标重要性、目标价值性以及目标的认同等。但计划意义因素中的维度并不完全围绕目标性质和特点，因此应该予以修订。目标因素的维度选取的原则是对行为最后结果的影响。根据目标定向的明确性特征可以产生更高水平的成绩，[1] 可将明确性视为目标因素的一个维度；根据对任务难度和对自己的能力水平估计的抱负水平可影响到目标的完成，[2] 可将可行性视为目标的第二维

---

[1] A. Bandura & D. Cervone, "Self – evaluative and Self – efficacy Mechanisms Governing the Notivational Effects of Goal Systems", *Journal of Personality and Social Psychology*, Vol. 45 (1983), pp. 1017 – 1028；陈永进、黄希庭：《未来时间洞察力的目标作用》，《心理科学》2005 年第 5 期。

[2] K. Lewin, T. Dembo, L. Festinger & P. S. Sears, "Level of Aspiration", in *Personality and Behavior Disorders*, J. M. Hunt (Ed.), New York: Ronald, 1944, pp. 333 – 378.

度；根据有无目标、目标设定高低及目标反馈对行动成效的影响，[1] 可将重要性和价值性作为目标的另外两个维度。由此，在目标因素上可保留个人计划的重要性和价值性维度，对能力性和责任性进行修订，形成可行性和明确性两个维度。第二，综合个人计划的计划结构因素和计划效能因素，形成意志行动的调控能力因素。调控能力因素反映意志的拼搏性和坚持性的特点，因此可保留个人计划中的控制力及努力两个维度，并对进展性和阶段性进行删改，添加形成坚持性和果断性两个维度，以符合对意志内涵的分析结论。第三，意志行动克服困难的涵义可由个人计划的压力因素说明，因此保留个人计划的压力因素，形成困苦因素。

其三是通过对预试的项目分析和因素分析，剔除那些不具有鉴别度的维度项目。

第三节　意志行动的因素

在对意志及意志行动的概念探索的基础上，通过比较、分析与意志行动相关的个人计划的理论和维度，结合被研究对象的具体特征，可以初步选取和确立意志行动的维度。经由对意志行动维度的因素分析而产生的意志行动结构，需要得到进一步的验证，以说明其可行性和可靠性。

一、意志行动的因素分析

综合对意志行动组成因素和维度的分析，初步形成意志行动的结构框架。其理论结构如图 4.1。各因素和维度项目的涵义如下：

目标：对所确立的意志行动的目的的认知评价，包括重要性、价值性、明确性和可行性四个维度。重要性指对目标的意义的评价，价值性

---

① A. Bandura, "Self – regulation of Motivation and Action through Internal Standards and Goal Systems", in *Goals Concepts in Personality and Social Psychology*, L. A. Pervin (Ed.), Hillsdale, NJ: Erlbaum, 1989, pp. 19 – 85.

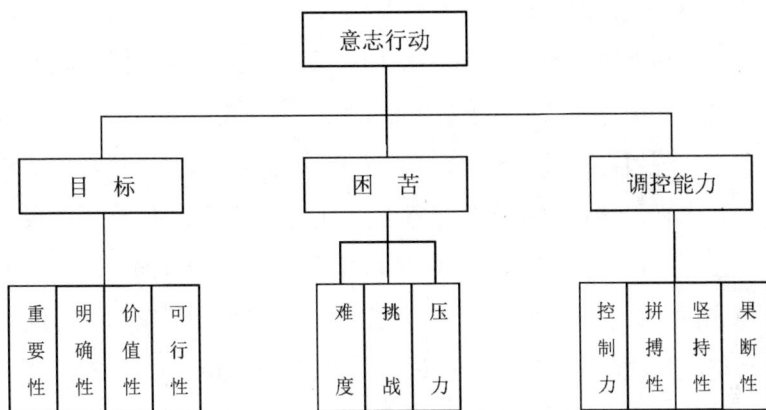

图 4.1　意志行动结构示意图

是对目标的值得和需要的性质的认识；明确性是对目标清晰程度的认识，可行性则是对完成目标的信心评价。

困苦：意志行动所面临的困难，包括难度、挑战和压力三个维度。难度是意志行动本身的难易水平；挑战是个体愿意承受的行动的难易水平；压力是意志行动的外部压力程度。

调控能力：实现意志行动的控制程度，包括控制力、拼搏性、坚持性和果断性四个维度。控制力是个体完成意志行动的自我控制程度，拼搏性是个体实现意志行动时的努力程度，坚持性则是完成意志行动的持续程度，果断性是意志过程的执行程度。

意志行动情感是影响意志行动的重要因素，同时情感与目标的联系也非常紧密，情感甚至可以说是目标的动机力量。因此在个人计划中往往保留对情感的分析。前面的研究也说明被试对情感对意志行动的影响作用也较为认同。因此在本部分研究中，意志行动情感也作为对意志行动的补充单列出来。意志行动情感维度借鉴个人计划的情感维度，包括积极情感和消极情感两个因素，涉及爱、高兴、希望、生气、伤心、沮丧六个与个人计划关系密切的维度。

（一）探索性因素分析

采用 PPA 的第一个步骤计划引出、第二个步骤计划提炼以及第三步计划评价。第一步给出意志行动的定义：意志就是通过努力、克服困难并坚持实现目标的心理过程；指出：个人的意志可以在日常生活的行动中反映出来，这些行动称之为意志行动。意志行动可以分为两类，一是激励型意志行动，即通过努力坚持做自己认为应该做的行动；二是克制型意志行动，即通过努力克制自己认为不应该做的行动。并说明意志行动可能涉及的范围。为了让被试进一步了解意志行动涉及的范围，根据对意志行动内容的前期探索，将具有相对典型意义的大学生意志行动列举数个，一方面可供被试参考使用，另一方面加深被试对意志行动两种类型的认识。

意志行动举例：

通过努力坚持做自己认为应该做的行动（激励型意志行动）的例子：

星期一到星期五早上七点起床

每天少吃一顿饭减轻体重

四级考试通过前每三天要练习 15 分钟听力

坚持冬天洗冷水浴

坚持隔天练习毛笔字

坚持每天跑步半小时

通过努力克制自己认为不应该做的行动（克制型意志行动）的例子

戒烟

控制吃甜食

不沉湎于网络

上课不打瞌睡

坚持不逃课

然后，要求被试列出他们的意志行动并同时考虑到激励型意志行动和克制型意志行动的平衡，指导语鼓励被试写出多于 8 个的项目。

第二步要求被试在其列出的意志行动中，选出他们认为最能体现他们自己特点的 8 个意志行动。选择中不要求被试对激励型和克制型的行动数目保持均衡。被试选择后，要在重要性、挑战、控制力、明确性、难度、价值性、坚持性、可行性、拼搏性、压力、果断性及爱、快乐、希望和伤心、生气、沮丧等维度上对自己所选择的意志行动进行评分。对明确性的指导语说明是：你在多大程度上明确自己有责任完成这一行动？对可行性的指导语说明是：你有能力完成这一行动的可行性程度有多大？对坚持性的指导语说明是：你坚持完成行动的程度如何？对果断性的指导语说明是：你的行动是在酝酿、决定、进行中还是已经完成？情感维度还加入特殊维度变量，允许被试自己增加他们认为未能表达其意志行动的其他情感状态。评分以数字 0 – 10 区间取值，0 表示程度最低，10 表示程度最高，依此类推。指导语中对每个维度的涵义说明进行了必要的说明。

研究中用维度（Dimension）和因素（Factor）来说明变量之间的从属关系，即维度从属于因素，因素大于维度。

共有西南大学、重庆师范大学、重庆大学、重庆工商大学、四川大学的 757 人参加本次研究，由于部分被试在维度填写时信息不全（例如未完成某些维度部分），因此剔除部分问卷，共验收 732 份有效问卷。其中 4 人无性别信息。被试中，女生 374 人，男生 354 人；一年级 119 人，二年级 314 人，三年级 279 人，四年级 20 人。被试涉及中文、外语、物理、化学、数学等 8 个专业。

由上述大学的心理学教师组织集体施测，测试前让教师了解 PPA 方法的基本程序。

　　将上述被试数据分为两半，对其中一半的数据以上述意志行动维度项目的平均分进行探索性因素分析。经 Bartlett 球形检验，KMO 值为.813，球形检验值为1689.045，显著水平为.000，极其显著。表明可以进行因素分析。正交旋转后得到三个特征根大于 1.00 的因素，这三个因素共可解释意志行动结构的69.7%的方差.

　　对数据探索性因素分析结果见表4.4，因素分析碎石图的陡阶检验见图4.2。

表4.4　意志行动探索性因素分析摘要表

维度	因素			共同度
	1	2	3	
重要性	.835			.715
可行性	.818			.735
明确性	.813			.732
价值性	.809			.736
坚持性	.301	.824		.859
果断性		.808		.685
拼搏性	.317	.749		.719
控制力	.311	.583		.646
挑战			.843	.715
难度			.827	.770
压力			.556	.461
特征值	4.903	1.712	1.057	
贡献率	44.574	15.559	9.613	

（注：因素负荷小于0.3的未显示。）

Scree Plot

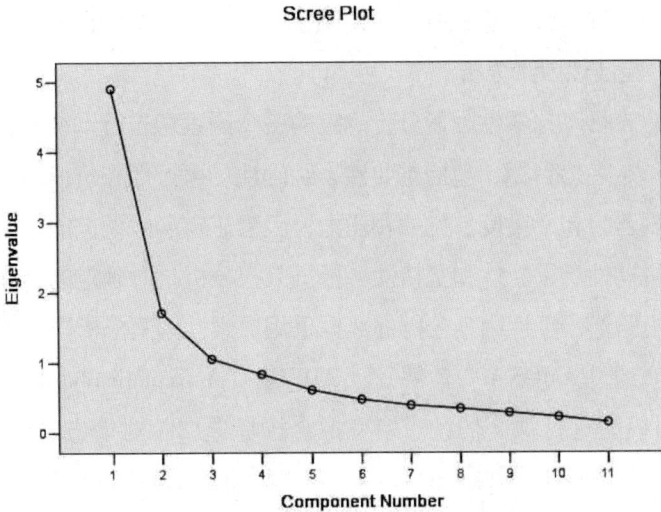

图 4.2　意志行动因素分析碎石图

从因素分析的结果来看，各维度项目及所归属因素结构与理论假设基本吻合，且符合能够让因素与变量间构成简单的单纯关系来解释的因素变换规则。即，第一，一个项目不能在两个以上的因素上都有较高的负荷值；第二，每个项目只在少数因素上有很高的荷；第三，每个因素不能少于 3 个项目；第四，一个项目在任意两个因素上的负荷之差要尽可能大；第五，任意的两个因素负荷低的项目要尽量多一些。从上述规则来看，只有拼搏性和控制力稍有偏差。不过，由于理论假设的意志行动结构得到了初步的验证，维度项目与因素的归属关系在因素分析中也得到了体现。因此探索性因素分析的结果也可以接受，待后续的验证性因素分析进行进一步的确认。

这样，在意志行动的三个因素中，因素一包括明确性、价值性、重要性和可行性 4 个维度，反映个体对影响行动目标实现性质的认识，可命名为目标；因素二包括难度、挑战、压力 3 个维度，反映意志行动的困难程度，可命名为困苦；因素三包括坚持性、控制力、果断性和拼搏性 4 个维度,反映个体对意志行动结果的控制程度和努力程度,可命名为调控能力。探索性因素分析初步说明了意志行动结构的合理性。

(二)验证性因素分析

根据意志行动探索性因素分析确定的三个因素意志行动结构,分别为:因素一定名为目标,包括重要性、明确性、可行性和价值性;因素二定名为困苦,包括难度、挑战和压力;因素三定名为调控能力,包括控制力、拼搏性、果断性和坚持性。根据以上分析,对确定的结构设定一个模型检验。验证性因素分析的数据采用探索性因素分析研究的另外一半样本。通过 AMOS 4.0 软件,以 ADF 法(Asymptotically distribution – free)对模型进行拟合估计。模型拟合指标选取相对卡方($\chi2/df$),拟合优度指数(GFI),Tucker – Lewisr 系数(TLI 即 NNFI),比较拟合指数(CFI),规范拟合指数(NFI),标准残差均方根(SRMR),以及近似误差均方根(RMSEA)。对于模型的拟合,卡方准则、TLI、CFI、RMSEA 被认为是较好的拟合指数。[1] 一般认为 RMSEA 不应该大于 0.1,最好小于 0.08;$\chi2/df$ 应该在 5 以内;p 值最好不显著,但由于极易受样本量的影响,样本较大时显著亦不妨碍模型的接受。[2]

验证性因素分析的结果如图 4.3、表 4.5。

表 4.5 意志行动结构验证性因素分析拟合指数

CMINDF	SRMR	GFI	AGFI	NFI	RFI	IFI	TLI	CFI	RMSEA
2.388	.0647	0.939	0.900	0.930	0.904	0.958	0.942	0.958	0.072

从模型验证的结果来看(表 4.5),基本符合验证性因素分析的拟

---

[1] 温忠麟、侯杰泰、马什赫伯特:《结构方程模型检验:拟合指数与卡方准则》,《心理学报》2004 年第 2 期。

[2] 侯杰泰、温忠麟、成子娟:《结构方程模型极其应用》,教育科学出版社 2004 年版。

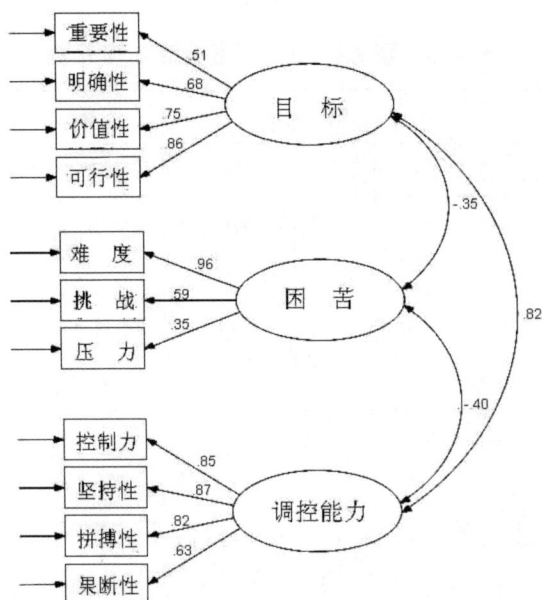

图 4.3　意志行动因子结构验证分析负荷图

合指数要求。考虑到意志行动是借鉴个人计划的一种动态的研究方法，而个人计划是一个动态的研究方法，[①] 应用此方法分析意志行动的信效度并不追求较高的标准，这一结果基本上可以证明对意志行动结构的理论假设。

二、信效度检验

（一）重测信度

重测信度大学生样本43人，时间间隔为3周。

----

① B. R. Little, L. Lecci, B. Watkinson, "Personality and Personal Projects: Linking Big Five and PAC Units of Analysis", *Journal of Personality*, Vol. 60 (1992), pp. 501 – 525.

表4.6　意志行动各因素重测信度系数

因素	r	因素	r	因素	r
目标	.762**	困苦	.504**	调控能力	.602**
重要性	.582**	难度	.620**	控制力	.670**
明确性	.612**	挑战	.469**	坚持性	.611**
价值性	.749**	压力	.495**	拼搏性	.478**
可行性	.767**			果断性	.562**

（注：** 表示 p < 0.01，* 表示 p < 0.05）

从重测信度的效果来看（表4.6），各项目及因素的信度系数在 0.34 至 0.80 之间。考虑到意志行动分析是一种动态的研究方法，这一结果也在可接受的范围之内。

（二）内部一致性

表4.7　意志行动各因素内部一致性系数

因素	α	因素	α	因素	α
目标	.834	困苦	.758	调控能力	.861
重要性	.800	难度	.790	控制力	.790
明确性	.785	挑战	.791	坚持性	.816
价值性	.824	压力	.807	拼搏性	.820
可行性	.836			果断性	.747

意志行动目标因素的内部一致性克隆巴赫 α 系数为.834；困苦因素的则内部一致性克隆巴赫 α 为.758；调控能力因素 α 为.861。各维度 α 系数在 0.75 - 0.84 之间，各因素在 0. 76 - 0. 86 之间，表明意志行动 PPA 法内部一致性信度较好。（见表4.7）

（三）结构效度

表 4.8 意志行动各维度相关矩阵

	重要性	明确性	价值性	可行性	难度	挑战	压力	控制力	坚持性	拼搏性
明确性	.558**									
价值性	.500**	.611**								
可行性	.481**	.590**	.686**							
难度	-.119*	-.191**	-.180**	-.264**						
挑战	-.023	-.002	-.058	-.065	.592**					
压力	-.006	-.071	-.164**	-.136**	.345**	.257**				
控制力	.397**	.544**	.557**	.650**	-.332**	-.130**	-.277**			
坚持性	.328**	.467**	.509**	.567**	-.361**	-.170**	-.319**	.734**		
拼搏性	.416**	.509**	.542**	.570**	-.253**	-.018	-.161**	.639**	.711**	
果断性	.275**	.327**	.354**	.394**	-.193**	-.068	-.182**	.467**	.617**	.510**

（注：** 表示 $p < 0.01$，* 表示 $p < 0.05$。）

从意志行动各维度的相关来看（表 4.8），各小因子之间的相关多在 0.2 - 0.8 之间，从个人计划分析的是一种动态的分析方法来看，这一指标处在一个中等水平的位置，这与个人计划的相关研究相吻合。[1]相关系数较低的部分出现在压力维度与其他维度之间，压力维度与其他维度均呈负相关，有的甚至相关并不显著。

从表 4.8 和表 4.9 分析，各维度与所属因素之间的相关也大都高于各维度之间的相关或各维度与其他因素之间的相关，说明意志行动的结构基本合理。

---

[1] B. R. Little, L. Lecci, B. Watkinson, "Personality and Personal Projects: Linking Big Five and PAC Units of Analysis", *Journal of Personality*, No. 60 (1992), pp. 501 - 525.

表 4.9　意志行动各维度与所属因素相关矩阵

	目标	困苦	调控能力
重要性	.748 **	− .055	.421 **
明确性	.836 **	− .118 *	.550 **
价值性	.862 **	− .189 **	.585 **
可行性	.846 **	− .209 **	.650 **
难度	− .232 **	.828 **	− .341 **
挑战	− .046	.777 **	− .116 *
压力	− .119 *	.713 **	− .280 **
控制力	.657 **	− .332 **	.845 **
坚持性	.574 **	− .377 **	.916 **
拼搏性	.621 **	− .196 **	.856 **
果断性	.412 **	− .194 **	.751 **
目标	1	− .178 **	.674 **
困苦	− .178 **	1	− .329 **
调控能力	.674 **	− .329 **	1

（注：** 表示 p < 0.01，* 表示 p < 0.05）

　　意志行动结构的构建是基于对意志概念性质分析而设计的操作性定义，同时借用个人计划的研究方法而展开的。由于个人计划分析是一种动态的研究方法，它在研究上采取了一种更为灵活的和开放的手段，因而并不追求过高的信效度的测量标准。不过，作为一种探索性研究，由个人计划分析而进行的意志行动建构，仍然遵循了心理测量学的规范要求，从维度分析、探索性因素分析、验证性因素分析到因子相关矩阵、效度验证等数据从不同的角度支持了意志行动结构的有效性。因此，意志行动的结构具有较好的内容效度，在其他信效度指标上也基本符合心理测量学的要求。

意志行动结构的建立在方法上借鉴了个人计划分析的思路，由于该方法的理论基础和方法论来源于个人构念，可能被认为更适合进行个案的分析。不过，个人计划分析这种方法并不妨碍研究者以常规的心理测量统计形式对数据进行研究，这样它的优势可能更为明显。

意志行动维度的结构体现了意志行动与个人计划的区别与联系，从理论上解释了意志行动结构的合理性。首先，意志行动与个人计划在相同维度的因素结构上有相似性。意志行动在结构上也可以解析出类似个人计划的压力因素，意志行动的调控能力和目标因素所包含的维度与个人计划的计划意义、计划结构和计划效能所包含的维度在性质上具有类似的涵义。当然，由于采用维度的数目不同，特别是被试取样的差别，要因素结构上可能会出现些许的差别。Little 的个人计划维度主要是以大学生为研究对象的，而采用相同维度但以社区人群为对象的一项研究在因素结构上却与之有些不同。[1] 不过，即使这样，两者在因素结构上也有类似的特征。

其次，意志行动与个人计划因素结构又有所不同。个人计划的结构除去压力和支持两因素外，还有意义（Meaning）、结构（Structure）和效能（Efficacy）三个因素，这种结构是一种静态的分析，强调计划本身的组织和体系对计划结果的影响。而意志行动的因素结构更体现了主动克服困难的动态结构，强调个人的主观努力对意志行动结果的影响。例如，意志行动的坚持性、控制力、果断性和拼搏性维度实则反映了在意志行动中个体的努力调控能力。换言之，个人计划虽然同意志行动一样是有目的的活动，但个人计划并不一定如同意志行动一样涉及一个努

----

[1] T. Jackson, K. E. Weiss, J. J. Lundquist & A. Soderlind, "Perceptions of Goal – directed Activities of Optimists and Pessimists: a Personal Projects Analysis", *Journal of Psychology*, Vol. 136, No. 5 (2002), pp. 521 – 532.

力克服困难的过程，这可能是造成两者在结构模式上的主要差异之一。

此外，虽然意志行动借鉴了个人计划分析的方法，但并非完全直接照搬个人计划的维度，而是通过对意志概念内涵性质的分析综合而形成，这在语义上与个人计划的维度就存在差异。因此，个人计划的研究方法对意志行动的结构建立起到了借鉴的作用，同时又在理论上印证了意志行动的合理性。

对意志行动结构的理论和实证分析表明，意志行动的结构可由目标、困苦、调控能力三个因素构成。通过 PPA 法进行探索的三因素意志行动结构具有可接受的心理测量学特征，为进一步深入研究意志行动提供了一种有效的工具。

三、意志行动结构的有效性

（一）意志行动结构对意志执行的解释

基于理论分析而提出的意志行动定义为意志行动结构的建立提供了依据。意志行动的调控能力因素和下属的维度来源于对意志概念的文献分析和公众观的调查结果；目标因素及其维度借鉴了目标与行动关系的目标理论分类方法的结果；困苦因素则直接取自个人计划的压力因素。整个结构框架同时综合考虑了目标理论的个人计划结构和健全人格组成部分中的自强特征，这是因为两者在形态和性质上与意志行动有共同之处。这样，意志行动结构的理论基础就较为充分，其解释也更为合理。对意志行动结构的实证研究说明，意志行动的目标、调控能力和困苦三因素是一个较为合理的结构，达到了心理测量学所要求的标准。

由此可见，意志行动的三因素结构很好地解释了意志行动的定义，是对意志行动定义合乎逻辑的说明。反之，意志定义的"通过努力、克服困难而坚持实现目标的心理过程"又将目标评价、困难状态以及调控能力联系了起来，体现了定义与结构的互补性和同质性。这样，个体意志的执行，就可以以个体在意志行动中的目标、困苦和调控能力的不同水平来解释和说明。

（二）意志行动的组织性

意志行动的相互关系分析说明，作为一种目标形式，意志行动的出现并不是孤立、单一的，而是呈现一种组织关系。这种组织关系可能以一个或几个核心的意志行动为依托，其他意志行动为支撑；也可能以一个或几个意志行动为基础来支持某个核心的意志行动。这种相互间的关系并不十分明朗，但意志行动的互相影响的确是存在的。在对意志行动的个案研究中发现，如果把某个个体的一个或几个处于上位的意志行动拿掉，则其网络间的相互联系就会失去很多线索。这说明，意志行动间的关系对整个意志行动的目标系统的实现起着非常重要的作用。

意志行动的结构和相互关系研究还说明，推动单个意志行动实现的动因可以由意志行动结构的关系来解释。多个意志行动则组成一个目标系统，这个目标系统的组织可能是一种层级的结构；结构中存在不同层次的目标，不同的意志行动则指向不同的目标，由此构成了意志行动间的相互关系。因此，意志行动间的相互关系可能是推动小目标向大目标或低目标向高目标实现的重要动力。首先，从影响关系来说，单个的意志行动是在影响其他意志行动和被其他意志行动影响的关系中存在的，这种影响关系可以使意志行动相互促进；其次，从意志行动的上下位关系来说，下位的意志行动的成功实现有助于上位意志行动的完成，上位的意志行动的实现得益于下位的意志行动的支撑。反之，如果一个环节的意志行动受到了阻碍，则其他相应的意志行动也会受到不同程度的影响。此外，意志行动的两种类型，激励型和克制型意志行动本身就是相辅相成的统一体，对某一行动的克制可以促进对另一行动的坚持，对某一行动的坚持也有利于另一行动的克制，这也是一种相互推动的作用。

没有哪一个计划或行动是孤立存在的，一个意志行动总是和其他意志行动联系在一起的。从这个意义上说，对意志行动间相互影响关系的研究揭示的意志行动的目标动力系统性质，在一定程度上对意志行动间的关系相互关系作了解释。

（三）意志行动体现了意志的调控

Rotter 对个体对某些事件的原因的归结差异进行了研究，提出了控制点的理论，并认为内控比外控要好，因为内控的人更倾向于将行为的后果归结于自己的行为和人格特征。[①] 简单地说，一个内控的人完成了一项任务会归因于自己的努力，一个外控的人没有完成任务则可能归因于运气不好，因此内控的人做事可能会更努力；Kobasa 也认为具有坚韧性人格的人能够通过自身的努力控制生活事件。[②] 不过，意志行动中的调控能力也许并不适合以人格特质来解释，即使是个体的内外控倾向在特定环境下也可以改变，坚韧性的人格也可能通过训练来改善。这也间接印证了意志行动调控能力不光与人格特质有关。

从对意志行动内部结构特点的分析中发现，影响意志行动调控能力的最重要的因素是目标。个体在设定意志行动目标后，如果这些行动目标的重要性、价值性符合个人和社会的取向，并且目标明确可行，则个体完成意志行动的可能性就大，这意味着个体因此的调控能力可能更好，控制效果也可能更好。因此，目标也在意志行动的调控中扮演着重要角色。此外，意志行动的调控结果与意志行动本身的难度、挑战和压力的困苦性质也有关系。困苦的水平过高，会加大调控的难度和压力；困苦水平过低，又无法达到意志行动克服困难的程度，影响实现挑战自我的目标，调控能力的参与性就可能失去意义。从意志行动三因素的相关关系来看，目标、调控能力与困苦都呈负相关，目标与难度和压力呈显著负相关，与挑战呈不显著负相关；调控能力与难度和压力呈现非常显著负相关，与挑战呈显著负相关。这说明，调控能力与困苦的关系更

① J. B. Rotter, "Generalized Expectations for Internal Versus External Control of Reinforcement", *Psychological Monographs*, Vol. 80, No. 1 (1966), pp. 1 – 28.

② S. C. Kobasa, "Stressful Life Events, Personality, and Health: an Inquiry into Hardiness", *Personality and Social Psychology*, Vol. 37 (1979), pp. 1 – 11.

密切，调控能力越强，则困苦水平越低，反之亦然。但是，挑战与目标和调控能力的负相关关系又要低于难度和压力与目标和调控能力的一个负相关层次，这也可能说明，适度的挑战性是意志行动调控的一个必要条件。这些结果为实践中的意志锻炼和培养提供了重要的参考信息。

从外部因素来看，意志行动的调控也离不开必要的社会人际环境。社会人际环境可能影响到个体对意志行动目标的确立和评价，使个体确立与社会取向较为吻合的价值预期，从而对调控产生间接影响；社会人际支持对意志行动的调控也有影响，总的来说，当意志行动得到与个体关系密切的人群支持时，社会人际倾向于对意志行动的调控产生推动作用，反之，则会产生阻碍作用。

意志行动的情感因素也很重要。一般认为，意志需要有认知的基础，但这一心理过程也离不开情感的参与。首先，情感是对行为的某种形式的反馈，当行为符合预期时可能产生积极的情感，行为与预期不符合则可能产生消极的情感；其次，情感对认知也有影响，从而对行动也具有推动作用。例如，人们先对某个事物有了不好的认识，然后就会产生相应的对此事的情感变化，这是认知对情感的影响，研究对此进行了大量的探索。① 不过，与之相反的观点认为特定的情感对认知的影响更有说服力。例如美国人 Rosenberg② 对美国对外援助的情感和认知的实验研究就证明了即使是情感的诱导也会使人的认识发生变化。同样的研究也说明，积极情感趋向于使人的认识更加包容、更加具有创造力；③

①　A. Tesser & L. Martin, "The Psychology of Evaluation", in *Social Psychology: Handbook of Basic Principles*, E. T. Higgins & A. W. Kruglanski (Eds.), New York: Guilford, 1996, pp. 400－432.

②　M. J. Rosenberg, "A Structural Theory of Attitude Dynamics", *Public Opinion Quarterly*, Vol. 24 (1960), pp. 319－341.

③　B. L. Fredrickson, "What Good are Positive Emotions? ", *Review of General Psychology*, Vol. 2 (1998), pp. 300－319; B. L. Fredrickson & R. W. Levenson, "Positive Emotions Speed Recovery from, the Cardiovascular Sequelae of Negative Emotions", *Cognition and Emotion*, Vol. 12 (1998), pp. 191－220.

自我意识情感在引导人们行为、推动人们做出符合道德和社会规范的行为反应时也起着重要的作用。① 这些说明，情感也参与了意志行动的调控过程。

（四）意志行动结构与目标理论的关系

1. 意志行动是另一种目标行动

我们对意志行动的分析借鉴了个人计划分析的方法，这种借鉴合乎对意志行动的理论假设。首先，意志行动与个人计划都反映个体有目的的行为，是与意识能动关系密切的两个概念；其次，个人计划关于社会生态学的理论假设也可以用于解释意志行动结构和影响因素，即对于一个目标行动单元而言，行动本身的结构和外在的环境因素对于行动的执行和完成都有作用，只不过作用不同罢了；其三，个人计划分析是研究目标行动单元的一种较为实用、有效和灵活的方法。比较而言，个人计划的方法标准上不拘泥于常规的测量手段，但又借鉴了传统的统计方法，是一种相对灵活的研究方法。因此，意志行动与个人计划从理论和研究方法上联系了起来，意志行动是一种目标行动。

但如果意志行动与个人计划有过多的内容上的重复，难免会让人有彼此混同的认识，即由于意志行动与个人计划的过多重叠性而消解了意志行动自身独特的特点。事实上，单从研究被试列出的意志行动内容就可以大概看出两者的区别，即个人计划是包罗万象的，涉及个体生活中的方方面面，意志行动则单指具体的某种行为。其次，意志行动的目标、调控能力和困苦三因素结构与个人计划有很大的区别。个人计划并不一定涉及克服困难的过程和强调对行动的调控作用，而意志行动则一定要说明与困难和调控能力的关系。再有，意志行动与个人计划的组织体系也不同，个人计划包罗万象，因此计划之间除了积极的促进关系之外，还有消极的阻碍关系。因此个人计划之间虽然也有规律，存在一定

---

① J. P. Tangney, "Self – relevant Emotions", in *Handbook of Self and Identity*, M. R. Leary & J. P. Tangney (Eds.), New York: Guilford Press, 2003, pp. 384 – 400.

的组织体系，但由于计划庞杂，矛盾冲突在所难免。意志行动则不然，从对意志行动的相互关系研究的结果来看，意志行动间基本不存在消极冲突，这说明意志行动目标系统是一种较为积极的目标动力系统，有助于意志行动目标的完成。因此，意志行动又是一种特殊的目标行动。

2. 意志行动是个人计划的集中体现

对于个人计划之间的关系，PPA 通常采用交互矩阵的方式来分析计划与计划之间的积极或消极影响、一致或冲突关系。虽然对个人计划间的相互关系的实证研究并不多见，但既有的研究表明，个人计划间的关系得分对有效性和幸福感的预测力并不如个人计划维度得分的预测力强，[1] 对此的解释是在一组个人计划中，存在一种核心计划（Core Projects）。核心计划统领整个个人计划领域，并对个人计划目标系统起着关键的作用。而个人计划对幸福感和有效性的预测效果取决于其他个人计划对核心计划的影响程度。[2] 换言之，其他个人计划对核心计划的影响要强，才会对幸福感和有效性产生影响。当然，这当中核心计划对个体的影响也是最大的。

从个人计划庞杂的内容来看，个人计划虽然构成一个目标系统，但这个系统有时会产生消极的影响甚至是强烈的冲突，原因是因为个人计划涉及的面太广，反映的可能是更倾向于个体潜在的目标结构。而意志行动的指向更为明显，一组目标的聚合性更强。从意志行动间的相互关系研究的结果看，意志行动间的相互影响基本上是积极的，行动间也呈现出一种网状交互影响关系，推动较小、较低层次的意志行动向一个更大、更高层级的目标运动。与健全人格的关系研究也说明，意志行动对

---

① C. H Christiansen, B. R. Little & C. Backman, "Personal Projects: A Useful Approach to the Study of Occupation", *American Journal of Occupational Therapy*, Vol. 52 (1998), pp. 439 – 446.

② B. R. Little & N. C. Chambers, "Personal Project Pursuit: On Human Doings and Well – beings", in *Handbook of Motivational Counseling*, W. Miles Cox & Eric Kliogen (Eds.), John Wiley & Sons, Ltd., 2004, pp. 65 – 82.

自尊、自信、自立和主观幸福感有着重要的影响。从这一分析来看，意志行动有可能起着个人计划中核心计划的作用，并且在一定程度可以解释个人计划与幸福的关系。不过，对此需要更深入的研究来加以验证。

第五章

意志行动的特点

在分析意志行动的特点时，意志行动是否具有性别差别是一个很有意思的话题，因为在有关实证研究中，关于坚韧性等与意志相关的因素是否存在显著的性别差异就有争议。生活中性别所扮演的角色会不会一定程度上体现了不同性别的意志特点？这与不同性别的人所表现出来的意志行动类型又有什么关系？这些问题都值得探讨。此外，由于意志行动不止一个，因此意志行动之间的关系也需要分析，这对揭示意志行动的组织特点以及意志本质具有重要意义。

第一节　意志行动的性别和类型特点

一、意志行动的性别特点

意志是否与性别有关？一般来说人们可能会有男性的意志强于女性的感觉，因为男性的身体更为强壮，男性从事的工作更具有强度和难度，男性在生活中就应当扮演强者的角色，而女性的身体纤弱，从事的工作的并不要求要有强壮的身体。由此认为，男性似乎应该更坚强，意志更坚定，因此男性与女性在意志行动上有差异似乎是有道理的。对与意志相关的因素的实证研究，例如对坚韧性人格的研究发现，性别与坚韧性的关系在研究中有不一致的结果。坚韧性高的人，面对应激情景表现出疾病症状的可能性就小，更善于应对生活中的困难事件，男性为被试的坚韧性与健康关系的研究结果可以推广至女性;① 但另外一些研究却得出了不同的结论，有的研究报告说坚韧性不能减轻女性的应激水平，对女性来说坚韧性在应对应激事件时的作用小于男性，就是说女性的坚韧性的特点可能有别于男性。② 对大学生的研究也发现，坚韧性对女性的影响要小于男性。③ 性别在坚韧性上的差异可能是因为男性和女性的应对策略不同，④ 也可能说明性别在坚韧性上各有特点，坚韧性对男性的身体特点影响更大，而对女性可能更侧重于社会心理反应类型。⑤

意志行动虽然与人格特质有关，但目标和调控能力并不只涉及人格

---

① R. J. Ganellen & P. H. Blaney, "Hardiness and Social Support as Moderators of the Effects of Life Stress", *Journal of Personality and Social Psychology*, Vol. 47 (1984), pp. 156 – 163; W. D. Gentry & S. C. Kobasa, "Social and Psychological Resources Mediating Stressillness Relationships in Humans", in *Handbook of Behavioral Medicine*, W. D. Gentry (Ed.), New York: Guilford, 1984, pp. 87 – 116.

② F. Rhodewalt & S. Agustsdottier, "On the Relationship of Hardiness to the Type A Behavior Pattern: Perception of Life Events Versus Coping with Life Event", *Journal of Research on Personality*, Vol. 18 (1984), pp. 212 – 223; F. Rhodewalt & J. B. Zone, "Appraisal of Life Change, Depression, and Illness in Hardy and Nonhardy Women", *Journal of Personality and Social Psychology*, Vol. 56, No. 1 (1989), pp. 81 – 88.

③ L. A. Schmied & K. A. Lawler, "Hardiness, Type A Behavior, and the Stress – illness Relation in Working Women", *Journal of Personality and Social Psychology*, Vol. 51 (1986), pp. 1218 – 1223; J. A Shepperd & J. H. Kashani, "The Relationship of Hardiness, Gender, and Stress to Health Outcomes in Adolescents", *Journal of Personality*, Vol. 59, No. 4 (1991), pp. 747 – 768; D. J. Wiebe, "Hardiness and Stress Moderation: A Test of Proposed Mechanisms", *Journal of Personality and Social Psychology*, Vol. 60 (1991), pp. 89 – 99.

④ P. G. Williams, D. J. Wiebe & T. W. Smith, "Coping Processes as Mediators of the Relationship Between Hardiness and Health", *Journal of Behavioral Medicine*, Vol. 15 (1992), pp. 237 – 255.

⑤ N. Skirka, "The Relationship of Hardiness, Sense of Coherence, Sports Participation, and Gender to Perceived Stress and Psychological Symptoms among College Students", *Journal of Sports Medicine and Physical Fitness*, Vol. 40, No. 1 (2000), pp. 63 – 70.

特质因素。有关个人计划的研究也未发现个人计划有性别的差异。① 而且，从由于意志行动基于人格和环境交互影响来看，性别都不是影响意志行动的重要因素。因此，意志行动可能与性别无关。

为了验证这一假设，采用建立在 PPA 基础之上的经过验证确定的意志行动分析工具，使用意志行动生成、筛选部分和意志行动基本结构矩阵（表 5.1）。第一步给出意志行动的定义和事例，并要求被试列出 8 种以上的个人意志行动，然后要求被试在其列出的意志行动中，选出他们认为最能体现他们自己意志行动意义的 8 个。最后被试要对 11 个确定的意志行动维度进行评价。

表 5.1　意志行动评价矩阵

你的意志行动	1.重要性	2.难度	3.了解性	4.控制力	5.明确性	6.积极影响	7.消极影响	8.压力	9.评价性	10.价值性	11.坚持性	12挑战	13.拼搏性	14.支持性	15.可行性	16.果断性
1																
2																
3																
4																
5																
6																
7																
8																

① B. R. Little, L. Lecci, B. Watkinson, "Personality and Personal Projects: Linking Big Five and PAC Units of Analysis", *Journal of Personality*, Vol. 60 (1992), pp. 501–525; T. Jackson, K. E. Weiss, J. J. Lundquist & A. Soderlind, "Perceptions of Goal-directed Activities of Optimists and Pessimists: a Personal Projects Analysis", *Journal of Psychology*, Vol. 136, No. 5 (2002), pp. 521–532.

共有大学生被试757人参加本次研究，有效问卷732份，其中女生374人，男生354人，4人无性别信息。

方差分析发现（表5.2和表5.3），从性别在意志行动因素和维度上的差异来看，意志行动不具有显著的性别效应。这说明，男性和女性对意志行动的体验并无实际的不同。

表5.2　意志行动因素的性别差异分析

因素	S				F	Sig.
	性别	M	D	Std. Error		
目标	女	8.058	1.152	.079	.005	.942
	男	8.067	1.224	.081		
	Total	8.063	1.189	.056		
困苦	女	4.616	1.611	.112	4.62	1.61
	男	4.736	1.624	.107		
	Total	4.679	1.617	.077		
调控能力	女	6.806	1.234	.085	..252	.616
	男	6.871	1.452	.096.		
	Total	6.840	1.351	.064		

表5.3　意志行动维度的性别差异分析

维度	性别	M	SD	Std. Error	F	Sig.
重要性	女	8.549	1.249	.086	.489	.485
	男	8.464	1.266	.083		
	Total	8.505	1.257	.060		

续表

维度	性别	M	SD	Std. Error	F	Sig.
明确性	女	7.969	1.380	.095	.005	.944
	男	7.979	1.510	.100		
	Total	7.974	1.448	.069		
价值性	女	7.790	1.580	.109	.008	.929
	男	7.803	1.563	.103		
	Total	7.797	1.569	.075		
可行性	女	7.926	1.425	.098	.422	.516
	男	8.020	1.587	.105		
	Total	7.975	1.511	.072		
难度	女	5.056	2.061	.142	.029	.865
	男	5.090	2.108	.139		
	Total	5.074	2.084	.099		
挑战	女	5.597	2.017	.140	.128	.721
	男	5.665	1.928	.127		
	Total	5.633	1.969	.094		
压力	女	3.184	2.218	.153	1.590	.208
	男	3.453	2.238	.148		
	Total	3.325	2.230	.106		
控制力	女	7.051	1.437	.099	1.440	.231
	男	7.231	1.676	.111		
	Total	7.145	1.567	.075		
坚持性	女	6.883	1.644	.114	.027	.870
	男	6.855	1.843	.122		
	Total	6.869	1.749	.083		

续表

维度	性别	M	SD	Std. Error	F	Sig.
拼搏性	女	6.992	1.613	.111	.375	.540
	男	7.091	1.759	.116		
	Total	7.044	1.690	.080		
果断性	女	6.298	1.208	.083	.004	.950
	男	6.306	1.564	.103		
	Total	6.302	1.404	.067		

在意志行动中性别差异并不明显这一现象说明，这一方面可能是因为大学生作为尚未完全进入社会的一个群体，其生活涉及的范围相对较窄（这从大学生意志行动类型的分析中可以更清楚地看到），他们面临的生活压力事件相对较少，因此其意志行动的范围只局限于学校的圈子，其主要的活动内容是学习。例如目前高考上线的性别比例以及大学生的学习成绩就可以看出性别并未对大学生的学业造成显著的差异。另一方面，研究工具所针对的对象的局限性也可能是造成诸如坚韧性这样的测量工具测试的结果呈现出性别差异的原因，例如，有的研究者就认为男性与女性在坚韧性结构上的心理成分应该是不同，在测量上就应该有所区别，一个在性别上较为敏感的心理现象，如果两性通用一个测量工具，则可能得出错误的结论。因此，对坚韧性这样的人格概念，就可以考虑从女性的角度出发提出坚韧性概念模型，进而设计一套专门针对女性的测量工具。[①] 意志行动研究结合 PPA 的方法并不强调具有性别差异的人格特质，而是基于一种人格受环境综合影响的观点，因此在意志行动上并无性别差异也是合乎预期的。

---

① C. A. Craft, "A Conceptual Model of Feminine Hardiness", *Holistic Nursing Practice*, Vol. 13, No. 3 (1999), pp. 25 – 34.

　　此外，平常人眼中认为男性更坚强，因而可能产生男性意志更坚定的这种性别刻板印象，由此形成把男性与特定的人格特特征如勇敢、坚强联系起来而形成某种性别的偏见。另一方面，可能因为更多的男性从事高风险、高挑战的工作，从而在人们心目形成了男性比女性意志更强的印象。事实上，意志在行为上的表现并不只是局限于某一个方面，意志的表现也不是根据内容来划分的，而是根据个体从自身的具体情况设定的有目的活动及执行结果来判断的，这就是说，意志作用的是事情的过程和结果，而不是它的内容。在这一点上，男性和女性的表现没有显著差异。

二、意志行动的类型特点

（一）个人计划的类型

　　PPA 中对个人计划的类型的分析主要集中在对临床的研究上。对个人计划类型的分析主要有几种方法和思路。

　　第一种是计划数目分析。被试在 PPA 研究的第一步中列举的计划通常为15 个，少于3 个或多于50 个的情况都比较少见。按照 PPA 的理论，计划是个体生活的基点，往往体现了其生活的意义、结构及与他人的关系，因此过多或过少的计划数目都可能是有问题的。例如，如果被试，尤其是年轻的被试所列出的计划太少，这可能说明一种普遍的厌倦情结，甚至可能反映出绝望的危险情绪。如何帮助这些年轻人激发他们的计划，并探明那些阻碍他们计划形成的原因，在临床研究工作中非常有价值；相反，过多的计划列举则可能在临床上与压力、焦虑以及轻度躁狂有关。[1] 由于计划的范围不同以及计划的复杂性，计划类型的研究可能会揭示个体计划背后的影响人格的因素。

　　第二种是对个人计划的类型进行了研究。个人计划的类型研究对于

---

① B. R. Little & N. C. Chambers, "Personal Project Pursuit: On Human Doings and Well - beings", in *Handbook of Motivational Counseling*, W. Miles Cox & Eric Klio-gen (Eds.), John Wiley & Sons, Ltd., 2004, pp. 65 – 82.

分析个体的某些行为倾向具有一定的指导意义。例如，对大学生而言，他们的个人计划的类型主要应该与学业和人际关系有关，与学业和人际关系有关的个人计划的频率应该是最高的；同样，对上班族来说，他们列举的与职业和人际有关的个人计划的频率应该是最高的。如果在统计结果上大学生被试列出的典型的大学生个人计划类型并不显著，那么这可能意味着某种临床上的问题。有研究表明，大学生如果在列出的计划中缺少典型的同一群体的个人计划（例如学业计划），而以休闲计划取而代之，则这些被试很可能在日常的生活中缺乏上进的动机。① 还有一些临床咨询的研究也表明，如果让一个寻求解决婚姻问题的被试列出他（她）的个人计划，而这些计划中并不包括与婚姻相关的内容，或者让一个上瘾的被试列出其个人计划而其中并没有与自我节制有关的内容，这些可能说明被试有意回避在公开场合表露他们关心的焦点问题，从而达到隐藏其真实计划的目的。

　　还有一些研究对个人计划列出的次序和次数进行了探索。研究发现，不同计划类型的次序和次数对大学生适应大学生活有一定的影响。那些在一学期中首先把人际关系放在第一位，然后再考虑学业计划的人最有可能获得成功。② 个人计划的表述方式对适应也有着微妙但却强大的影响。被试如果在表述计划时采用否定回避的方式，例如"不要生气"，则可能与幸福感较低有关。③ 被试采用否定回避的方式描述计划，

① W. M. Cox & E. Klinger, "Systematic Motivational Counseling: The Motivational Structure Questionnaire in Action", in *Handbook of Motivational Counseling: Motivating People for Change*, W. M. Cox & E. Klinger (Eds.), London: Wiley, 2004, pp. 217–237.

② N. Cantor, J. K. Norem, P. M. Niedenthal, C. A. Langston & A. M. Brower, "Life Tasks, Self-concept Ideals, and Cognitive Strategies in a Life Transition", *Journal of Personality and Social Psychology*, No. 53(1986), pp. 1178–1191.

③ A. J. Elliot, K. M. Sheldon & M. A. Church, "Avoidance Personal Goals and Subjective Well-being", *Personality and Social Psychology Bulletin*, Vol. 23 (1997), pp. 915–927.

可能反映了被试为此努力的不间断焦虑，这种焦虑会伤害到被试在完成计划时的积极情感。还有一种表述为"试图"（Tryings）的计划，例如"试图与人为善"要比直接表述（例如"要与人为善"）与低效能和低幸福感更有关。同样，也有研究表明那些表述为正在进行的计划的人要比表述为一直尽力去完成计划的人有更高的幸福感。计划类型分析还有一个作用就是可以诊断出个体在追求其计划时出现的某些问题。例如，如果一个被试列举的计划多数与自我有关，则可能与绝望性情感有关。[①]

　　以大学生为被试的个人计划类型分析说明，大学生的个人计划主要有七种类型：学业、职业、健康、人际关系、自我提高以及休闲。[②] 这其中，学业型个人计划出现的频率最高，这也比较符合大学生的生活特点（表5.4）。

表5.4　个人计划类型及举例

分类	定义	举例
学业	与学校相关的计划。	获得教师资格证书。 努力学习通过考试。
职业	诸如与工作有关的一些工作任务和工作过程的计划。	找到一个酬金更高的工作。 星期三之前完成问卷。
健康	与外表、健康和健身相关的活动。	减轻十磅体重。 多喝水，少吃爆米花。

① B. R. Little, "Personal Projects and the Distributed Self: Aspects of a Conative Psychology", in *Psychological Perspectives on the Self*, J. Suls（Ed.）, Vol. 4, Hillsdale, NJ: Erlbaum, 1993, pp. 157 – 181; K. Salmela – Aro, "Struggling with Self: The Personal Projects of Students Seeking Psychological Counseling", *Scandinavian Journal of Psychology*, Vol. 33（1992）, pp. 330 – 338.

② B. R. Little & N. C. Chambers, "Personal Project Pursuit: On Human Doings and Well – beings", in *Handbook of Motivational Counseling*, W. Miles Cox & Eric Kliogen（Eds.）, John Wiley & Sons, Ltd., 2004, pp. 65 – 82.

续表

分类	定义	举例
人际关系	处理与他人关系的计划，包括家庭成员、朋友和其他关系密切的人。	尽力理解 Susie。 经常探访父母。
自我提高	与自我展望和自我态度有关的计划，包括自我提高，精神方面和哲学方面的计划，以及应对和调整的计划。	不可如此反社会。 努力提高自尊。
休闲	自己单独或与他人一起进行的娱乐活动。	与 Mike 一起去蹦极跳。 为休闲而读更多的书。
日常维护	与组织和安排有关的计划，包括家务事、经济活动以及宠物喂养和文书工作等。	打扫地下室。 保养轿车。

（二）意志行动的类型

由于被试列举的个人计划的类型、数目以及类型的次序可能与被试的人格倾向、生活适应等有关，且我们对意志行动类型研究的主要的样本采集来自大学生，因此在意志行动类型的研究上也采用了个人计划的类型分类方法（表5.4）。意志行动共分为八类，基本上涵盖了大学生面临的生活事件范围。

采用 PPA 的第一个步骤计划引出和第二个步骤计划提炼。第一步给出意志行动的定义和事例，并要求被试列出 8 种以上的个人意志行动，然后要求被试在其列出的意志行动中，选出他们认为最能体现他们自己意志行动意义的 8 个；第二步要求被试对他们列出的意志行动进行分类。综合 PPA 的研究方法，提供 7 个意志行动分类及其定义和例子，供被试选择。由于大学生被试的特殊性，在借用 PPA 的分类方法时，剔除了最后一类"日常维护"，加入了"生活"一类，这样表述更符合中国大学生的实际，更容易被他们理解。同时提醒被试，他们也可以根据自己的分类标准填入他们认为合适的分类词语。

共有 469 名大学生参加本次研究，获得有效数据共 438 份，其中 2 人无性别信息。被试中，女生 208 人，男生 228 人；一年级 91 人，二年级 202 人，三年级 141 人，四年级 4 人。

表 5.5　意志行动类型频数统计

意志行动类型	Frequency	%	Cumulative%
学业	1272	34.8	34.8
生活	905	24.7	59.5
职业	63	1.7	61.2
健康	569	15.6	76.8
人际关系	229	6.3	83.0
自我提高	383	10.5	93.5
休闲	159	4.3	97.8
其他	79	2.2	100.0
Total	3659	100.0	

从结果（表 5.5）来看，大学生的意志行动与学业相关的占总的意志行动的 34.8%，与生活相关的占 24.7%，两者相加占 59.5%，超过了大学生意志行动总数的一半，这说明大学生的意志行动主要与其学业和生活有关。意志行动类型中与职业相关的频数最少，这一方面说明意志行动的制定和执行与个体的生活情景有关，另一方面反映了大学生缺乏参与与职业相关的活动。

表 5.6　意志行动类型性别的 X^2 拟合优度检验频数

类型	女生	男生	残差值	X^2	Sig.
1	35	34.9	.1		
2	25	25.0	.0		
3	2	1.8	.2		
4	15	16.1	−1.1		
5	6	6.4	−.4	1.263	.989
6	10	10.8	−.8		
7	5	4.2	.8		
8	3	1.7	1.3		
Total	101				

　　从意志行动类型在性别上的分布情况来看，男女大学生在意志行动类型上分布的趋势与大学生总体的趋势是一致的，没有显著的性别差异。（表 5.6）

　　大学生意志行动以学业和生活为主，并且在年级和性别上的分布没有显著的差异，说明大学生的意志行动目标没有多大的变化，这符合大学生的特点。不过，大学生的意志行动类型虽然没有多大变化，但在不同的意志行动类型上，例如学习与生活，其意志行动的结构特点可能不同。而且，因为人群的不同，这些特点可能会更加明显。对此还需做进一步的深入研究。

　　对意志行动类型特点的研究，可以结合对意志行动结构特点进行进一步的分析，尤其采用个案分析，可能会为揭示意志行动的特点提供更多的思考。

　　（三）意志行动的聚类分析

　　聚类分析是一种多元统计分析方法，通过对数据的聚类分析，可以研究群体在某种概念结构上的共同特征，同时也有助于了解事物的内在结构。意志行动的类型研究可以从被试的角度来研究意志行动的外在形式，聚类分析则对这种分类进行解释。由于意志行动因素之间较强的正相关性以及意志行动情感与意志行动的联系性，为了更好地对大学生被试进行聚类分析，不妨考虑将意志行动情感因素与意志行动一并考查。

　　为了考察大学生意志行动结构在群体上的类别差异，本部分研究根据被试在目标、调控能力、困苦、积极和消极情感上的得分，对 438 名被试进行 K – Means 聚类分析。由于分类数目的确定并无规范的标准，需要根据不同的理论假设和实际探索来确定合理的分类数目，而一般的原则可以从类间距离入手。此外，考虑到个案在类别中的数目和特征，以及本研究的目的，拟将对上述数据试作 3 – 5 类的分析，以析取解释力最强的选择。（表 5.7、5.8、5.9）

表 5.7　三分类的中心点及二者在五个因素上的均值比较

	类别						F	Sig.
	1（$n_1=162$）		2（$n_2=189$）		3（$n_3=88$）			
目标	7.86	2	8.59	1	7.32	3	45.541	.000
调控能力	6.69	2	7.46	1	5.75	3	62.068	.000
困苦	4.43	2	4.19	3	6.21	1	62.569	.000
积极情感	2.50	3	7.35	1	5.90	2	552.701	.000
消极情感	.48	3	.64	2	3.77	1	374.079	.000

表5.8   四分类的中心点及二者在五个因素上的均值比较

	类别								F	Sig.
	1（$n_1=141$）		2（$n_2=116$）		3（$n_3=109$）		4（$n_4=72$）			
目标	8.80	1	7.77	3	7.89	2	7.37	4	36.484	.000
调控能力	7.65	1	6.60	3	6.76	2	5.72	4	45.140	.000
困苦	3.86	4	5.06	2	4.25	3	6.34	1	58.439	.000
积极情感	7.81	1	5.01	3	1.70	4	6.10	2	615.013	.000
消极情感	.68	3	.75	2	.40	4	4.17	1	298.260	.000

表5.9   五分类的中心点及二者在五个因素上的均值比较

	类别										F	Sig.
	1（$n_1=99$）		2（$n_2=104$）		3（$n_3=95$）		4（$n_4=77$）		5（$n_5=63$）			
目标	7.57	4	7.98	3	8.49	2	9.01	1	7.21	5	36.661	.000
调控能力	6.36	4	6.82	3	7.06	2	8.09	1	5.74	5	41.881	.000
困苦	4.74	3	4.27	4	5.60	2	2.73	5	6.27	1	100.893	.000
积极情感	4.61	4	1.64	5	7.41	2	7.79	1	5.99	3	480.515	.000
消极情感	.83	3	.37	5	1.01	2	.40	4	4.44	1	256.641	.000

从三种不同分类数目进行聚类分析的结果来看，三分类、四分类和五分类具有一个共同特点，即目标和调控能力因素在分类次级上没有变化，同时这三类在困苦和情感因素上的变化也大致相同，即目标和调控能力的均值高，困苦的均值就低，积极情感高，消极情感低。在三个分类趋势相

同的情况下，从简约的目的出发，对三分类各个类别之间在五个因子上F检验表明，存在显著差异，因此可以接受三分类的结果。

从三分类的结果看，第一类中，目标、调控能力和困苦居三类中的第二位，积极情感和消极情感居三类中的第三位。这一类型的被试在目标、调控能力和困苦上都处于中等水平，积极情感体验较少，但消极情感体验也少，因此属于随遇而安型。第二类中，目标、调控能力和积极情感居三类中的第一位，困苦居三类中的第三位，消极情感居第二位。这一类型的被试具有目标和调控能力得分高，困苦得分低，而积极情感体验最多，消极情感体验适中，因此属于奋进快乐型。第三类中，目标和调控能力居三类中的末位，困苦居第一位，积极情感居第二位，消极情感居第一位。这一类型的被试目标和调控能力得分低，完成意志行动的压力大，有积极情感体验，但同时消极情感体验也多，因此属于低迷犹豫型。

三分类在组别中目标和调控能力的同向趋势最为明显，表现为有三组人群在这两个因素上中心点的发展方向一致。意志行动目标得分高，调控能力也高，反之亦然。这说明，个体意志行动的目标越是合理，调控能力越强，则其困苦水平就低，积极情感体验多而消极情感体验少。

困苦的发展趋势刚好与目标和控制相反。目标、调控能力的均值大，则困苦值小，反之亦然。这说明具有较好的目标设定和较强的调控能力的个体，能够克服困难的可能性就更大。

情感因素在三分类中表现最复杂，表现在两个方面，首先是情感因素既与有些组别发展同向，又与某些组别发展不同向，例如高目标和高控制可能会有更强烈的积极情感体验，但不一定就会体验到最少的消极情感，这说明情感在意志行动中作用的复杂性。其次是对某些组别而言，积极情感与消极情感并不完全呈反向关系，这说明意志行动的情感体验可能有别于一般日常生活的情感体验。这一方面可能因为意志行动是一个需要克服困难的目标实现过程，这一过程需要付出努力，因此会体验到消极情感，但目标行为符合个体的预期，也会使人产生积极情感，因此两种类型不同的情感的关系可能会形成相伴共生，而不是此消彼长；另一方面意志行动是一个目标系统，具有动力性的特征，体现在目标和努力控制的相互作用上，也就是说，一个目标符合预期，控制能够实现目标的人，既可能体验到较多的积极情感，较少的消极情感，也可能因为能够更好地掌控自己的生活而不大喜大悲。

第二节　意志行动的相互关系

一、意志行动的相互影响关系

个人计划作为目标理论的一部分，特别强调个体计划与计划之间的关系和组织结构。计划作为一种目标体系，本身会呈现出计划的层级关系，而人的行动，就是围绕计划的组织关系而展开的。计划有主次之分，在个体计划中处于中心而不可替代位置的计划是计划体系中的核心计划，也是最为重要的计划；而计划的组织性是通过一个计划对另一个计划的影响来实现的。意志行动之间也具有个人计划的这种组织性。

为了了解意志行动间的这种相互关系，我们采用两种方法来进行研究。第一种方法采用意志行动引出步骤和意志行动提炼步骤。被试从引出的意志行动中选出他们认为最能体现意志特征的十个行动，被选中的意志行动自动形成一个 10×10 的矩阵（表5.10），要求被试对每一个意志行动对其他意志行动的影响用（1）数字0—10进行评分，0表示一点没有影响，10表示最有影响；（2）有积极影响填（＋），有非常大的积极影响填（＋＋）；有消极影响填（—），有非常大的消极影响填（——）；没有影响填0。在小样本研究中，也可将符号取值改为数字取值，数字在0—10取值，0表示根本没有影响，10表示非常大的影响。

表 5.10 意志行动相互关系矩阵表

意　志　行　动	1	2	3	4	5	6	7	8	9	10
1										
2										
3										
4										
5										
6										
7										
8										
9										
10										

　　第二种方法采用阶梯技术。该技术分两种类型：上位归类（Superordinate Projects）和下位归类（Subordinate Projects）。前者要求被试要回答为什么要进行某个意志行动的问题。也就是说，被试需要判断每个意志行动是否从属于另一个意志行动，或者说，某个意志行动的进行是否有助于另一个更大的意志行动的实现。例如，"通过专业课考试"有助于"顺利毕业"，"顺利毕业"有助于"找到一个好工作"，"找到一个好工作"有助于"找到一个好媳妇"等。后者刚好相反，要求被试回答哪一个更小的意志行动有助于实现更大的意志行动的问题。也就是说，被试需要判断每个意志行动的下面是否还有一个更小的意志行动能够帮助实现这个意志行动。例如，同样是"通过专业课考试"，"顺利毕业"是它的上位意志行动，"努力背书"就是它的下位意志行动，而"不睡懒觉"又居其次。被试需要将每个意志行动的上位归类和下位归类全部列出来。

　　个案被试为教育专业的应届硕士一年级研究生。其中个案 a、b、d 为女性，个案 c、e 为男性。另有在校大学生被试 57 名，其中女生 17，男生 40 名。

用第一种方法的第二种评价方式对 5 个个案的每个意志行动相互关系进行分析。分析中分别统计积极影响、消极影响和无影响的频次。结果发现（表 5.11），在全部五个案中，只有个案 a 在意志行动的相互影响中列出了仅有的 6 种消极关系，其余均为积极影响或无影响。这说明，意志行动之间的相互关系总体上呈现积极影响的状况。

表 5.11　5 个个案的意志行动相互影响类型的描述性统计

	频　　次				
	＋＋	＋	——	—	无影响
个案 a	27	42	0	6	15
个案 b	16.	22	0	0	52
个案 c	3	31	0	0	56
个案 d	23	29	0	0	38
个案 e	36	21	0	0	33

（注：＋＋非常积极影响；＋积极影响；——非常消极影响；—消极影响）

同样用第一种方法对 57 个被试进行研究，对每个行动在何种程度上对其他行动有积极影响和每个行动在何种程度上对其他行动有消极影响进行分析。

表 5.12　意志行动积极影响与消极影响差异分析

类型	N	Mean	Std. Deviation	Std. Error Mean	Correlation	t	Sig.
积极影响	57	7.932	1.426	.188	− .471	15.482	.000
消极影响	57	2.017	1.923	.254			

表5.13 积极影响与消极影响性别差异分析

类型	性别	N	M	SD	Std. Error	F	Sig.
积极影响	女	17	8.1176	1.21230	.29403	.406	.527
	男	40	7.8531	1.51591	.23969		
	Total	57	7.9320	1.42660	.18896		
消极影响	女	17	1.6471	1.95917	.47517	.897	.348
	男	40	2.1750	1.91083	.30213		
	Total	57	2.0175	1.92325	.25474		

结果如表5.12和表5.13。从表5.12的差异检验结果来看，意志行动积极影响与消极影响差异很大且达到非常显著的水平，表明意志行动总的来说积极影响大于消极影响，这与个案的研究相符。从表5.13的结果来看，积极影响与消极影响没有显著的性别差异。

用第一种方法的第一种评价方式对5个被试进行分析，对每个个案的每一个意志行动对其他9个意志行动的影响分数进行统计。同时也对每一个意志行动的被影响分数进行统计。个案B由于在横纵方向填写了几乎一样的数字，因此分析时删除了这部分数据。

表5.14 4个个案意志行动影响与被影响的分数差异

个案	影响		被影响		t	Sig.
	M	SD	M	SD		
A1	4.222	1.922	5.555	1.424	−2.667	.029
A2	5.444	1.878	5.666	1.414	−.478	.645
A3	6.000	1.732	5.777	1.092	.426	.681
A4	4.666	1.000	6.222	.971	−3.277	.011

续表

个案	影响		被影响		t	Sig.
	M	SD	M	SD		
A5	5.333	1.658	5.888	.781	−1.104	.302
A6	4.888	1.364	3.555	1.236	4.619	.002
A7	6.111	.781	3.666	1.118	6.487	.000
A8	5.888	.600	5.333	1.414	1.000	.347
A9	6.777	1.301	6.666	1.000	.206	.842
A10	4.777	.666	5.777	1.481	−1.732	.122
C1	5.333	3.905	5.333	3.741	.000	1.000
C2	5.222	3.734	5.222	3.700	.000	1.000
C3	1.444	2.962	1.777	3.562	−.378	.715
C4	.666	1.000	1.555	.881	−2.530	.035
C5	4.666	3.605	4.555	3.940	.123	.905
C6	4.777	4.576	5.000	3.905	−.279	.787
C7	4.777	3.270	3.888	3.295	1.277	.237
C8	6.444	2.743	7.111	2.891	2.891	.493
C9	1.444	2.962	2.000	3.500	−.857	.416
C10	6.444	1.666	4.777	3.456	1.690	.129
D1	7.111	2.147	7.222	2.438	−.316	.760
D2	5.444	3.045	5.333	3.122	.316	.760
D3	5.444	2.455	5.666	2.179	−.308	.766
D4	5.000	3.000	5.222	2.728	−.359	.729
D5	5.333	1.658	6.333	2.397	−2.121	.067
D6	6.000	2.291	6.888	1.833	−2.530	.035

续表

个案	影响		被影响		t	Sig.
	M	SD	M	SD		
D7	4.111	1.833	4.888	2.260	−2.800	.023
D8	7.333	1.322	6.555	1.740	1.673	.133
D9	6.888	2.027	5.444	2.297	3.250	.012
D10	7.888	.600	7.000	1.870	1.650	.137
E1	1.777	1.641	1.222	1.986	.783	.456
E2	1.666	1.870	1.555	2.127	.217	.834
E3	2.89	2.619	2.111	2.522	1.575	.154
E4	4.111	1.536	3.333	1.936	1.421	.193
E5	3.777	2.223	3.888	2.027	−.244	.813
E6	1.333	1.936	2.222	2.488	−1.315	.225
E7	2.444	2.403	2.777	2.682	−.555	.594
E8	3.111	2.976	3.444	2.351	−.756	.471
E9	1.444	1.333	1.666	1.802	−.478	.645
E10	4.444	2.603	4.333	2.061	.229	.824

结果显示（表5.14），每个意志行动的影响分数与被影响分数的差异都不显著，在全部50个行动中，只有8个行动的差异达到了显著水平。这说明，意志行动相互间有着较强的联系，相互影响关系较强，对其他行动影响大，受其他行动的影响也大。

意志行动之间的关系相互影响，并且主要是积极的影响。这可能是因为：第一，意志行动是个体自觉的有目的的行动，不是外部力量强加的结果，意志行动具有目标的动力性；第二，对于一种目标系统来说，当人们选择和确定目标时，它具有区分性和灵活性的特点，同时又能保持整体的目标结构。意志行动之间相互构成一个网络系统，由小的意志行动目标合并成一个较大的意志行动目标，意志行动之间相互促进；第三，意志行动表现了个体的一个选择目标的过程，它说明了个体可以选择不同的目标和情境有关联的具体策略。对意志行动来说，这个目标的筛选过程往往本身就带有更积极意义的性质。

然而，意志行动间并不完全是积极的影响关系，有时被试也会报告消极的影响关系，这可能与意志行动本身是一个目标系统有关，特别是与当意志行动执行过程中出现的目标冲突心理，即双趋冲突（Approach – approach Conflict）有关。双趋冲突就是个体同时追求两个或以上的目标，但又不能同时达到，只能选其一，于是出现矛盾冲突心理。双趋冲突在意志行动中的结果可能会产生一定的消极影响，但这种影响并不足以改变意志行动总的积极效应，而且这种冲突在一定条件还可以转化。

二、意志行动的组织结构

采用上下位阶梯技术的方法对个案4和个案5进行了分析。阶梯技术可用于分析概念间的层级组织关系，这种方法通过被试列出的概念之间的直接和间接关系来分析概念间，甚至被试的认知事物的结构。[1]

个案 d

个案 d 为一女生，她列出的 10 个意志行动分别是：

（1）每天坚持背英语单词。

（2）每天坚持晨跑。

（3）每天坚持做一些关于毕业论文的事情。

（4）每天坚持早睡早起。

（5）平均一个月要发表一篇文章。

（6）每天晚上坚持看书一个小时。

（7）每天坚持写日记。

---

[1] J. R. Thomas & G. Jonathan, "Laddering Theory, Method, Analysis, and Interpretation", *Journal of Advertising Research*, Vol. 28, No. 1 (1988), pp. 57–68.

（8）不胡思乱想而只想应该做的事情。

（9）不看小说而只看与自己学业相关的书籍。

（10）学习上不偷懒而按计划有步骤行事。

个案 d 的上下位意志行动归类结果如表 5.15：

表 5.15　个案 d 上下位意志行动直接 – 间接关系统计

	1	2	3	4	5	6	7	8	9	10
1								▲		△
2	△			▲		▲		△		△
3	▲			▲		▲		△	△	△
4	▲▼	▲▼	▽			△	▼	△	▼	△
5								▲▼	▲	▼▲
6						▲▼		▲▽	▲▼	△▼
7								▲		△
8				▼				△		▲
9			▲▼		△	▼		▲		△
10	△		▲							△
	1	2	3	4	5	6	7	8	9	10

（注：横坐标是纵坐标的：▲上位（直接关系），△上位（间接关系）；▼下位（直接关系），▽下位（间接关系））

从个案 d 的上、下位关系来看，个案 d 的意志行动层次较为明显。从直接影响这一层面分析，行动 8 被指向关系最多，上位层级的意志行动大体上形成了行动 8 为核心位置，行动 1、3、5、6、9、10 次之，行动2、7最下的基本结构。如果考虑间接影响的关系，行动10将代替行动8的位置处于高位。下位结构则要简单一些，考虑直接间接的影响因素，行动3、8、10要突出一点。

为了简化数据，也为了使分析更为直观，在分析意志行动上下位结构时可采用社会心理学的测量人际关系的社会测量分析方法，[①]即把意志行动之间的直接关系用关系图的方式表示出来，箭头被指向次数最多的即为上位行动的核心。结果如图5.1。

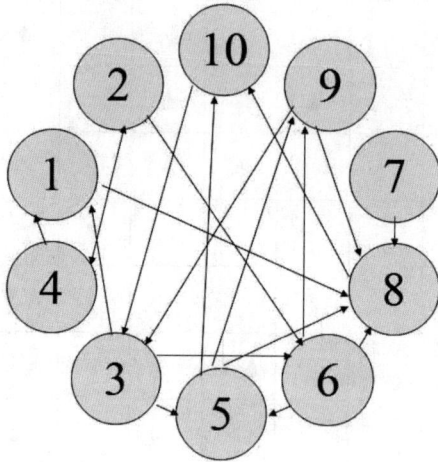

图5.1　个案d上位意志行动直接关系

通过对个案d在意志行动目标因素上的得分分析（表5.16），总的来说，处于高层级的意志行动在目标因素的重要性、明确性和价值性维度上得分高于处于低层级的意志行动（分别为7.33，6.83，7.16），在可行性上则相对较低。这说明，意志行动的层级关系可能是因为对目标的认识和评价不同造成的。

---

① J. L. Moreno, *Who Shall Survive?* Washington, DC: Nervous and Mental Disease Publishing Company, 1934.

表5.16 个案 d 在目标因素上的分数统计

	重要性	明确性	价值性	Mean	可行性
第一层序号					
8	7	7	8	7. 33	5
第二层序号					
1	8	7	6	7	6
3	8	7	7	7. 33	8
5	9	8	4	7	6
6	8	7	5	6. 66	7
9	8	6	6	6. 66	5
10	8	6	5	6. 33	5
Mean	8. 166	6. 833	5. 5	6. 83	
第三层序号					
2	7	10	7	8	9
7	7	7	5	6. 33	7
Mean	7	8. 5	6	7. 16	

个案 e

个案 e 为一男生，他列出的 10 个意志行动分别是：

（1）每天阅读英文资料。

（2）每周去图书馆。

（3）每周给家人通电话。

（4）每年进行一次自我总结。

（5）每月去参加一次宗教活动。

（6）不吸烟饮酒。

（7）不做违背自己原则的事情。

（8）不做悖逆自己民族的事情。

（9）寒冷的冬天不睡懒觉。

（10）杜绝一切不符合宗教习惯的事情。

个案 e 的上下位意志行动归类结果如表 5.17：

表 5.17　个案 e 上下位意志行动直接 – 间接关系统计

	1	2	3	4	5	6	7	8	9	10
1		▲▼	▽	▲▼	▲▼	▽	△▽	△▽		▽
2	▲▼			▼	▲▼	▽	△▽	△▽		▽
3				▼	▲▼	▽	△▽	△▽		△▽
4	▲▼	△▽			△▼	▽	▲▼	△▽		▽
5		▼			▼		▲▼	▲▼		△▽
6				▼	▽		▲▼	▲▼	▲	▲▼
7		▼	▽		▽	▲▽		▲▼	△	
8					▼▽	▲	△▽	▼		▲▼
9	▲▼				△		▽			▲
10				▼	▽	▲	▲▽	△▽		

（注：横坐标是纵坐标的：▲上位（直接关系），△上位（间接关系）；▼下位（直接关系），▽下位（间接关系））

个案 e 的上位意志行动从直接影响来看，行动 7 被指向关系最多，行动 1、5、6、8、10 为第二层，行动 3、4、9 最次。综合直接间接的影响关系来看，行动 7 和行动 8 被指关系最多，其他基本没有变化。从下位关系来看，只考虑直接影响关系时行动 1、5 在结构最里层；把直接间接关系考虑进去后，行动 7 被指向关系最多。

同样为了简化数据，把个案 e 的意志行动之间的直接关系用关系图的方式表示出来。结果如图 5.2：

对个案 e 在意志行动目标因素上的得分分析（表 5.18）同样可以

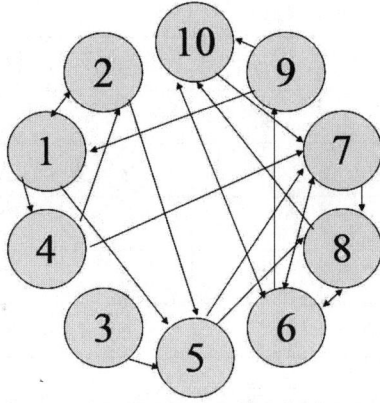

图 5.2　个案 e 上位意志行动直接关系

看出，处于高层级的意志行动在目标因素的重要性、明确性和价值性维度上得分高于处于低层级的意志行动（分别为 8.66，8.25，7.33），在可行性上得分也相对较低。

表 5.18　个案 e 在目标因素上的分数统计

	重要性	明确性	价值性	Mean	可行性
第一层序号					
7	9	8	9		7
8	9	8	9		7
Mean	9	8	9	8.66	
第二层序号					
1	8	7	8	7. 66	7
5	9	8	8	8.33	7
6	9	8	8	8.33	9
10	9	8	9	8.66	7
Mean	8.75	7.75	8.25	8.25	

	重要性	明确性	价值性	Mean	可行性
第三层序号					
3	9	9	9	9	6
4	7	5	6	6	7
9	7	7	7	7	7
Mean	7.66	7	7.33	7.33	

意志行动的结构不是单一的，而是呈现某种网络联系的结构。一个意志活动不是影响、制约着另一个意志行动，就是受限或被影响于其他的意志行动。意志行动与意志行动之间存在三种类型的关系：一是单向上位关系，例如个案 d 中行动 8 "不胡思乱想而只想应该做的事情" 就是行动 1 "每天坚持背英语单词" 的单向上位关系；二是单向下位关系，例如；个案 d 中的行动 4 "每天坚持早睡早起" 就是行动 7 "每天坚持写日记" 的单向下位关系；三是双向关系，例如，个案 d 中的行动 2 "每天坚持晨跑" 与行动 4 "每天坚持早睡早起" 就互为上下位关系。

在运用阶梯技术来揭示被试的意志行动上位网络结构时，被试每进行一个上位行动的选择，实际是要针对这个行动回答 "我为什么要进行这个行动" 的问题。因此，当被试完成了所有意志行动的结构归属后，也展示出了其意志行动的最核心的目标。例如，个案 d 中的最高上位目标是 "学习上不偷懒而按计划有步骤行事"。其他意志行动以直接或间接的方式指向这一概括性最高的行动。在个案 e 中，其最高上位目标是两个："不做悖逆自己民族的事情" 和 "不做违背自己原则的事情"，后期访谈得知，这两种意志行动在本质上的涵义是相同，用于被试描述对坚持宗教信仰的决心（该被试信奉伊斯兰教）。个案 d 和个案 e 的下位行动大体上都包括与学业有关的意志行动，但他们的上位类别上出现了不同的归属，差别十分明显，这也许会造成意志行动最终的实现效果。由此可见，意志行动的网络结构一方面反映了意志行动的统一性和目标指向性，另一方面也说明了个体差异性在意志行动构成中可能会起着一定的作用。

　　意志行动间呈现网络层次的结构，这可能与意志行动的目标设置与评价不同有关。因为从不同层级的意志行动在目标因素上的得分来看，处于高层级的意志行动在目标评价上（重要性、明确性和价值性）的均值要高于处于低层级的意志行动均值。这似乎是一个原因。

三、激励和克制两种意志行动的关系

　　对意志行动的定义上采用了激励和克制两种行动取向，这两种取向体现了意志对行动的激励和克制的两种控制作用。激励表现为推动人为达到目标而积极行动起来，即在意志行动定义中的激励型行动。例如，坚持每天上早自习。克制则表现为制止与预定的目的相矛盾的行动，即意志行动定义中的克制型行动，例如克制早上睡懒觉。因此，意志对行动控制的激励和克制在具体的活动中是互相联系的。对意志行动的坚持性愈强，为达到预定的目的所采取的行动愈有力，就愈能克制与预定的目的相矛盾的行动；反之，愈能克制与预定的目的相矛盾的行动，为达到预定目的而采取的行动就愈有力。正是通过这种激励与克制的作用，意志实现着人对自身、对环境的控制作用。

　　意志行动的这两种控制作用可以从被试列出的某些类型的意志行动中直接地看到。即，一种坚持或激励型的行动是建立在对另外的行动的克制的基础上的。例如，"坚持做任何事都要细致、谨慎、戒浮躁"中，做事细致是个体所要坚持和激励的行动，戒浮躁则是个体所要克制的行动；"抑制自己睡懒觉的想法，每天早晨九点起床"中，睡懒觉是个体所要克制的行动，早起则是要坚持或激励的行动；"不吃油腻、多脂肪的食物，在一个月内减轻体重10斤"中，吃油腻、多脂肪的食物是克制的行动，减轻体重则是要坚持的、激励行动。

　　坚持与克制既可以在同一意志行动中出现，还可出现在不同的意志行动中。这就是说，个体的意志行动是以某种形式而组织起来的，而非互不相干。对某种行为的坚持和激励，必然是以对其他相关行动的克制为前提的。个体在决定实施某种意志行动时，应该是以某种或某些意志行动为核心的。这种核心的意志行动，既可能是激励型的意志行动，也可能是克制型的意志行动。这些相互联系的意志行动可能以某种形式组织在一起，形成一个具有推动力的目标系统。

　　在引出意志行动的过程中，经过指导语的提示，被试一般都会列出激励型和克制型两种类型的意志行动。总的来看，被试列出的激励型意志行动要多于克制型意志行动，这首先是因为人们在确定目标时有正向评定的习惯，例如人们更习惯用"坚持早起"，而不是"不要睡懒觉"来设定按时起床这样一个目标。其次从意志行动的类型研究可以看出，大学生意志行动主要与学业和生活有关，因此大学生的目标指向就集中在这两个方面上。

　　激励型和克制型这两种类型的意志行动本身就是一个事物的两个方面。这就是说，坚持某个行动，必然是以克制其他的行动为基础的，反之亦然。激励型和克制型的意志行动与被阻碍的意志和爆发性意志也相呼应。James 就认为意志行动实际是推进力量和抑制力量之间的平衡，被阻碍的意志和爆发性意志就是这两种相反力量之间平衡的不健康结果。正因为这两种类型意志行动的相互依存性，有的被试在列出的意志行动表述中就把激励型和克制型的内容都涉及进去了。

　　分析个案 d 的意志行动（见表 5.14），行动 8 可以被视作是一个克制型的意志行动，它是除了行动 10 之外的所有其他意志行动的上位行动（行动 10 也可看作是一个克制型行动），说明其他坚持性行动的进行有利于实现意志行动 8；反之，行动 8 也是行动 5 和行动 6 的下位行动，说明"不胡思乱想而只想应该做的事情"这一克制性行动有利于"平均一个月要发表一篇文章"和"每天晚上坚持看书一个小时。"在个案 e 中这一趋势更为明显：行动 6、7、8、9、10 可视作是克制型意志行动，这些行动或者是激励型意志行动的上位，或者是下位，或者两者皆是。说明激励型行动与克制型行动是互为关系的。激励型意志行动可能是克制型意志行动的最终目标，也可能是克制型行动实现的促成行动，反之亦然。

第六章

意志行动与健康心理

　　个人计划的类型、数目以及次序在某种程度上与个体的生活状态和生活适应性存在关系。由于个人计划在内容上的广泛性，因此个人计划与个体的心理状态存在着多种可能性。与个人计划不同的是，意志行动具有强调努力的特点和克服困难的过程，是有条件的个人计划，因此意志行动在预测心理健康方面可能更有针对性。意志行动与健康心理的关系可能比个人计划与之的关系联系更为紧密。

第一节　意志行动与自我

　　自我包括自尊、自信、自立和自强等概念，自我的不同反映可表现为某种人格特点。例如，一个具有健全人格的人就是一个自尊、自信、自立、自强的幸福进取者，[①] 而自我与个体有目的的行为密不可分，因此自我也与意志行动有关。研究表明，自尊、自信、自立、自强都与有目的的行为有着关系。例如，对自尊与行为的关系研究发现，个体为自己设立一个行为的自我标准，激发行为动机，从而达到自我满足的自尊水平;[②] 对自信的功能机制研究发现，自信可能通过成就动机来影响个

---

① 黄希庭:《再谈人格研究的中国化》,《西南师范大学学报（人文社会科学版）》2004 年第 6 期。

② J. Crocker & L. E. Park, "Seeking Self – esteem: Construction, Maintenance, and Protection of Self – worth", in *Handbook of Self and Identity*, M. Leary & J. Tangney (Eds.), New York: Guilford, 2003 , pp. 291 – 313.

体的成就;① 而自立人格与个体现实问题解决的能力、水平及行为特征都有密切关系;② 此外,高低自强被试在从事困难任务时的持久性和坚持性也存在显著的差异。③ 这说明,意志行动与健全人格有着密切的联系。因此,对意志行动与健全人格关系的研究,一方面可以间接印证意志行动的结构特征,另一方面有助于了解意志行动与健全人格诸组成部分的相互促进作用,为健全人格的培养提出有益的建议。

一、意志行动与自尊

自尊(Self - esteem)是一个自我概念,目前学界对自尊概念尚无统一观点,通常认为,自尊就是个体乐观而肯定的评价自己的一贯倾向。自尊包括能力和价值两个维度。④ 这就是说,自尊一方面是现实的自尊,不是妄自尊大,也不是自轻自贱;另一方面自尊需要价值感支撑,而光有能力或能力强的人不一定有价值感。自尊涉及个体的自我认识、情感因素甚至意志行为倾向。自我价值感(Self - worth)则是一种较稳定的人格倾向,是个人在社会生活中,客体的自我对社会主体以及主体的自我的认知和评价,是一种正向的自我情感体验。

意志行动是反映个体通过努力,克服困难而坚持实现自己目标的心理过程的行动,这一过程与自我目标实现的抱负水平,成功可能性的预测有一定的关系。由于自尊的变化会引起个体产生趋、避某种行动的动机,由此对自我价值的形成起着推动的作用,⑤ 而意志行动具有一定的

---

① 毕重增、黄希庭:《中国文化中自信人格的内涵和功能》,《心理科学进展》2007 年第 2 期。

② 夏凌翔、黄希庭:《典型自立者人格特征初探》,《心理科学》2004 年第 5 期。

③ 郑剑虹、黄希庭:《自强意识的初步调查研究》,《心理科学》2004 年第 3 期。

④ C. Mruk, Self - esteem: Research, *Theory and Practice (3rd edition)*, New York: Springer Publishing, 2006, pp. 1 - 22.

⑤ J. Crocker & L. E. Park, "The Costly Pursuit of Self - esteem", *Psychological Bulletin*, Vol. 130 (2004), pp. 392 - 414.

自我意识倾向，与自尊和自我价值存在一定的关系。

意志行动与自尊和自我价值的关系可能更多地反映在意志行动的目标、调控能力和情感因素上，即意志行动目标、调控能力、情感体验和自尊以及自我价值的关系较为密切。

（一）意志行动与自尊的关系

本部分研究意志行动的工具采用建立在 PPA 基础上的意志行动引出步骤、意志行动提炼步骤以及意志行动评价步骤；自尊工具为 Rosenberg 自尊量表[①]和青少年自我价值感量表。[②] 自尊量表（中文版）是目前心理学界使用最多的自尊测量工具，因为它具有信效度高和简明方便两大优点。该量表共有十个题项，其中 1、2、4、6、7、8 题为正向计分题，要求被试对每个题做出"很不符合""不符合""不确定""符合""很符合"的选择，依次计 1—5 分。分值越高，自尊程度越高。此量表在多个文化背景下的研究中被广泛采用。青少年自我价值感量表采用其中总体、社会取向、个人取向的一般自我价值感 3 个分量表。量表共 56 题，量表均采用 Likert5 点自评式量表，从"不符合"至"完全符合"分别评定为 1—5 分。该量表信度效度较好，总量表的 Cronbach 系数为 0.83，分半信度为 0.79，间隔一个月重测信度为 0.89。各分量表的同质性信度在 0.62—0.82 之间，分半信度在 0.63—0.79 之间，重测信度在 0.70—0.85 之间，目前已经建立了常模。

共有 206 名大学生被试参与了意志行动与自尊和自我价值感关系的研究。其中男 119 人，女 87 人。

研究发现，自尊与意志行动，SES 自尊与意志行动的目标和调控能力呈显著正相关，与困苦呈负相关；与价值性、可行性、控制力、坚持性呈现显著正相关；与重要性、明确性、拼搏性、果断性呈不显著正相

① M. Rosenberg, *Society and the Adolescent Self - image*, Princeton, NJ: Princeton. University Press, 1965.

② 黄希庭、杨雄：《青年学生自我价值感量表的编制》，《心理科学》1998 年第 4 期。

关；与难度和压力呈负相关。（表6.1）

自我价值感与意志行动。自我价值感的三个方面与意志行动的目标和调控能力因素都呈显著正相关，与困苦呈负相关；社会取向的一般自我价值感与困苦因素呈显著负相关。总体自我价值感与除了困苦因素和果断性以外的其他维度呈现显著正相关，与困苦因素的难度和压力呈负相关；社会取向的一般自我价值感与除了压力因素、拼搏性和果断性以外的其他维度呈现显著正相关，与难度和挑战呈现显著的负相关，与压力呈负相关；个人取向的一般自我价值感与价值性、可行性、控制力、坚持性、拼搏性呈现显著正相关，与重要性、明确性和果断性呈正相关，与困苦因素的三维度呈负相关。困苦因素中，只有挑战与总体自我价值感和 SES 自尊呈正相关。

表6.1　意志行动与自我价值感和自尊的相关

	总体自我价值感	社会一般	个体一般	SES 自尊
目标	.269**	.361**	.236**	.225*
困苦	−.016	−.214*	−.081	−.045
调控能力	.243**	.202*	.297**	.225*
重要性	.213*	.291**	.165	.166
明确性	.193*	.270**	.135	.126
价值性	.237**	.292**	.218*	.220*
可行性	.218*	.304**	.228**	.203*
难度	−.040	−.202*	−.120	−.087
挑战	.042	−.186*	−.025	.003
压力	−.031	−.119	−.050	−.028
控制力	.218*	.201*	.293**	.200*
坚持性	.243**	.196*	.265**	.210*

续表

	总体自我价值感	社会一般	个体一般	SES自尊
拼搏性	.218 *	.120	.280 **	.171
果断性	.113	.152	.132	.161

（注：** p＜0.01 * p＜0.05）

从自尊、自我价值感与意志行动的关系来看，意志行动的目标和调控能力两者与自尊和自我价值感的关系更密切。

通常，意志坚强的人更倾向于实现自己预定的目标，而目标的达到有利于增强个体的自尊和自我价值感。为了考察与自尊、自我价值感相关的意志行动因素对其的影响程度，并欲将某些因素排除在回归方程之外，故采用逐步回归，筛选对自尊和自我价值感最有预测力的意志行动因子。回归分析说明，意志行动可以作为自尊的有效预测因子，其中目标或价值性最有预测效力。（表6.2）

表6.2　意志行动对自尊的逐步回归分析摘要

Model		B	Std. Error	Beta	t	Sig.	R	R^2	Adjusted R^2
A	(Constant)	26.934	4.039		6.668	.000			
	目标	1.287	.498	.225	2.585	.011	.225	.051	.043
B	(Constant)	30.052	2.920		10.293	.000			
价值性		.928	.368	.220	2.520	.013	.220	.048	.041

同样采用逐步回归分析对预测自我价值感的意志行动因子进行了筛选，结果见表6.3。回归分析说明，意志行动可以作为自我价值感的有效预测因子，其中目标或价值性最有预测效力。

预测自我价值感和自尊的意志行动两级水平的因子相同，但意志行动对自我价值的预测力稍强。

表6.3 意志行动对自我价值感的逐步回归分析摘要

Model		B	Std. Error	Beta	t	Sig.	R	R^2	Adjusted R^2
A	(Constant)	16.795	2.384		7.045	.000	.269	.072	.065
	目标	.922	.294	.269	3.137	.002			
B	(Constant)	19.548	1.734		11.273	.000	.237	.056	.049
	价值性	.599	.219	.237	2.735	.007			

为了简化分析，并由于自我价值感和自尊这两个工具的同质性，可将其分别抽象出对应的潜变量进行分析。将 SES 自尊和自我价值感作为因变量，将意志行动作为自变量，设定一个意志行动预测自尊的假设模型。用数据中的一半被试样本对假设模型进行探索，模型的拟合指标情况见表6.4。

表6.4 意志行动与自尊关系模型拟合指标摘要

P	CMINDF	SRMR	GFI	AGFI	NFI	RFI	IFI	TLI	CFI	RMSEA
0.610	0.674	.0462	0.982	0.934	0.968	0.920	1.000	1.004	1.000	0.000

模型的拟合指标结果发现，探索模型的数据拟合较好，但需要做进一步验证。模型验证取另一半被试数据，拟合指标见表6.5。

表6.5 意志行动与自尊关系模型验证拟合指标摘要

P	CMINDF	SRMR	GFI	AGFI	NFI	RFI	IFI	TLI	CFI	RMSEA
0.585	0.710	.0342	0.991	0.965	0.985	0.961	1.000	1.000	1.000	0.000

从模型验证的情况来看，拟合指标较为理想，说明该模型比较合

理，意志行动对抽象的自尊具有预测力。模型对抽象的自尊的解释率为0.8%。

从自尊和自我价值感与意志行动的相关、回归分析以及结构方程模型的分析来看，意志行动与自尊有着重要的联系，这种联系体现在目标和调控能力与自尊和自我价值有显著的正相关关系以及意志行动对自尊和自我价值感具有一定的预测力上，进一步的目标和调控能力高低分组在自我价值感和自尊上的得分差异结果印证了这一点。这说明，意志行动的目标和调控能力因素对自尊和自我价值有重要的影响作用。这就是说，个体意志行动的目标设定恰当并具有对实现目标的较强调控能力时，其自尊和自我价值感水平就可能更高。

从自尊与意志行动诸因素的关系来看，目标与之关系最为紧密。这是因为，首先，自我价值反映了人们觉得值得展现他们自我价值的那些领域，意志行动就是人们力图证明自己价值的相关目标活动；其次，人人都有实现自我价值的倾向，因此自我价值就更容易与目标和个人标准联系起来。研究证明与有目标的事情比没有目标的事情能产生更强的情绪反应。[①] 于是，当人们进行与其目标价值关系越大的事情时，自我价值感就越强烈。

（二）意志行动各因素高低分组在自我价值感上的得分差异

为了进一步分析意志行动对自我价值感的影响程度，可将意志行动的目标、调控能力和困苦高低分组在自尊和自我价值感上的得分进行分析。

将大学生被试按目标、调控能力和困苦的得分从高到低排序，由高

---

① N. Cantor, J. Norem, C. Langston, S. Zirkel, W. Fleeson & C. Cook – Flannagan, "Life Tasks and Daily Life Experience", *Journal of Personality*, Vol. 59 (1991), pp. 425 – 451; R. A. Emmons, "Personal Strivings, Daily Life Events, and Psychological and Physical Well – being", *Journal of Personality*, Vol. 59 (1991), pp. 453 – 472; L. F. Lavallee & J. D. Campbell, "Impact of ppersonal Goals on Self – regulation Processes Elicited by Daily Negative Events", *Journal of Personality and Social Psychology*, Vol. 69 (1995), pp. 341 – 352.

到低取总人数的 27% 作为高分组，由低到高取总人数的 27% 作为低分组，然后比较高分组和低分组被试在自我价值上的差异。结果如表6.6、6.7 和6.8 所示。

可以看出，目标高分组总体自我价值感、在社会一般自我价值感和个体一般自我价值感上得分均高于低分组，但只有在社会一般自我价值感上差异显著（$p < 0.05$）；调控能力高分组在总体自我价值感、社会一般价值感和个体一般自我价值感上得分均大于低分组且差异显著（$p < 0.05$）；困苦高分组在总体自我价值感上得分大于低分组，但在社会一般自我价值感和个体一般自我价值感上却小于低分组，且困苦在三个方面的得分差异都不显著。

表 6.6　目标高低分组在自我价值上的得分差异

	目标低分组		目标高分组		t	p
	M	SD	M	SD		
总体自我价值	23.757	3.881	25.242	3.640	−1.603	.114
社会一般	16.969	2.468	19.121	2.944	−3.216	.002
个体一般	18.515	3.093	20.000	3.230	−1.907	.061

表 6.7　调控能力高低分组在自我价值上的得分差异

	调控能力低分组		调控能力高分组		t	p
	M	SD	M	SD		
总体自我价值	23.030	3.972	25.757	3.391	−2.999	.004
社会一般	17.303	2.789	19.030	3.147	−2.359	.021
个体一般	17.757	3.428	20.181	3.225	−2.959	.004

表 6.8 困苦高低分组在自我价值上的得分差异

	困苦低分组		困苦高分组		t	p
	M	SD	M	SD		
总体自我价值	24.454	3.725	24.818	3.770	-.394	.695
社会一般	19.000	3.061	17.969	2.686	1.453	.151
个体一般	19.090	3.565	18.909	3.458	.210	.834

同样将被试按目标、调控能力和困苦的得分从高到低排序，由高到低取总人数的 27% 作为高分组，由低到高取总人数的 27% 作为低分组，然后比较高分组和低分组被试在 SES 自尊量表上的得分差异，结果如表 6.9。

可以看出，调控能力高分组在自尊量表上的得分高于低分组且差异显著（$p < 0.05$）；目标高分组在自尊量表的得分也高于低分组，但两者没有显著差异；困苦高分组在自尊量表上的得分小于低分组，但也没有显著差异。

表 6.9 意志行动各因素高低分组在自尊上的得分差异

	低分组		高分组		t	p
	M	SD	M	SD		
SES1	36.727	5.375	39.272	7.492	-1.586	.118
SES2	35.878	5.611	39.787	6.127	-2.703	.009
SES3	37.757	7.154	37.969	5.077	-.139	.890

（注：SES1 为目标高低分组，SES2 为调控能力高低分组，SES3 为困苦高低分组。）

目标的价值性对自尊和自我价值感的预测效力最好。因为自尊和自我价值是个体在社会中的自我情感体验和评价，目标的价值性正是基于目标的社会性的基础之上。从目标高低分组在自我价值上的得分差异来看，目标高分组只在社会一般自我价值感上与低分组存在显著差异，这进一步说明，个体在意志行动的目标设定上越是符合社会的期望，越有可能体验到更高的自我价值感水平。

自我价值感是个人在社会生活中，认知和评价作为客体的自我对社会主体以及对作为主体的自我的正向的自我情感体验。这种自我的情感体验与个体的调控能力有什么影响关系呢？个体的意志行动的调控能力越强，就更容易实现意志行动的目标，而目标的实现，就会带来更多自我的积极的情感体验，由此体验到较强自我价值感的可能性就越大。

困苦即在意志行动中面临的困难、挑战和压力程度。总的来说，困苦与目标和调控能力呈负相关，但这种负相关并不意味着困苦的得分低，目标和控制的得分就一定高，或者相反。这也就是说，意志行动中所面临的困难和挑战并不是越小越好。通过对本部分研究被试数据的目标高低分组和调控能力高低分组在困苦因素上的得分差异发现，目标高分组在困苦上的得分并不是最低的，而是处于中等水平（高分组在困苦上的均值为 4.84，低分组为 3.91，其余为 5.07）。这说明，目标高分者，其困苦的水平居中。由于目标能够较好地预测调控能力，而目标也能够预测自尊和自信的水平，因此可以推论，意志行动困苦的中等水平与自尊和自我价值感的联系更强。

总之，意志行动与自尊和自我价值感有着较为紧密的联系。个体意志行动的目标设定越好，调控能力越强，困苦程度适中，则自尊和自我价值感的体验就可能越强。

二、意志行动与自信

自信（Self - confidence）是健全人格的组成部分，是个体对自己能力和判断的确信和不怀疑。在目标行动中，对自己能力的判断和确信能够使个体采用积极的应对而取得成功。同时，自信是一种自我评价，是获得的、维护自尊的重要来源来保障；在模型结构上自信可分为开放创新、人际和谐、好我自纳、未来定向和毅力勇气五个维度，并具有愉悦、保健和激励功能。① 因此，自信也与意志行动有着关系。

从自我评价（Self – evaluation）方面来说，自我评价兼有认知和情感的成分。社会晴雨表模型理论（Socimeter Model）认为，任何会导致受到他人排斥的自我品质和自我行动都会产生消极情感并使自我评价的信念降低。② 对自我评价的长期研究和情感测量也支持自我评价与情感紧密的观点，例如自我评价与生活满意度和积极情感有正相关。③ 认知在自我评价的作用却没有十分清楚，但认知通过自我评价的情感因素来达到社会授纳却是可能的。④ 这说明自信与意志行动的因素具有一定的联系。意志行动中对目标性质的认知、对自我能力的判断以及在意志行动进行过程中的情感体验和自信有正向的关系。因此，意志行动应该与自信有较为密切的联系。

采用意志行动的引出步骤、意志行动提炼步骤以及意志行动评价步骤，"总体自信问卷"⑤ 建立在"五维自信问卷"的基础之上，意在诠释个体的整体性的自我评价方式，是自信的一个简短的测量工具。该问

---

① 毕重增、黄希庭：《中国文化中自信人格的内涵和功能》，《心理科学进展》2007 年第 2 期。

② M. R. Leary & D. L. Downs, "Interpersonal Functions of the Self – esteem Motive: The Self – esteem System as a Sociometer", in *Efficacy, Agency, and Self – esteem*, M. Kernis (Ed.), New York: Plenum, 1995, pp. 123 – 144.

③ J. Brockner, "Low Self – esteem and Behavioral Plasticity: Some Implications for Personality and Social Psychology", in *Review of Personality and Social Psychology*, L. Wheeler (Ed.), (Vol. 4), Beverly Hills, CA: Sage, 1984, pp. 237 – 271; D. G. Myers & E. Diener, "Who is happy?", *Psychological Science*, Vol. 6(1995), pp. 10 – 19.

④ A. Tesser, "Self – evaluation", in *Handbook of Self and Identity*, M. R. Leary & J. P. Tangney (Eds.), New York: Guilford Press, 2003, pp. 275 – 290.

⑤ 毕重增：《自信人格理论的建构》，西南大学博士学位论文，2006 年。

卷共 12 题，要求被试以"很不自信""较不自信""中等""比较自信""很有自信"作为尺度，根据自己的实际情况对题目的情景做出反应。总体自信问卷的克隆巴赫（Cronbach - α）系数为 0.88，具有较好的信效度。

共有 246 名大学生被试参加了意志行动与自信关系的研究，其中男 104 人，女 139 人，另有 3 人性别不详。

表 6.10 意志行动与自信的相关

	目标	重要性	明确性	价值性	可行性
自信	. .331**	.314**	.257**	.263**	.299**
自信	困苦	难度	挑战	压力	
	-.062	-.094	-.013	-.033	
自信	调控能力	控制力	坚持性	拼搏性	果断性
	.382**	.335**	.383**	.333**	.216**

（注：** p < 0.01；* p < 0.05）

从相关分析的结果来看（表 6.10），自信与意志行动的目标和调控能力各小因子均呈显著正相关，与困苦各小因子均呈负相关，但不显著。

为了考察与自信相关的意志行动因素对其的影响程度，并欲将某些因素排除在回归方程之外，因此采用逐步回归，筛选对自信最有预测力的意志行动因子。以自信为因变量，意志行动因素为自变量进行逐步回归分析，对数据进行了 2 个层次的分析。结果见 6.11。回归分析说明，意志行动可以作为自信的有效预测因子，调控能力或坚持性对预测自信最有效力，总的预测效力尚可。

表 6.11　意志行动对自信的逐步回归分析摘要

Model		B	Std. Error	Beta	t	Sig.	R	R^2	Adjusted R^2
A	(Constant)	2.295	.224		10.235	.000	.382	.146	.140
	调控能力	.159	.032	.382	4.977	.000			
B	(Constant)	2.522	.179		14.088	.000	.383	.147	.141
	坚持性	.125	.025	.383	4.993	.000			

　　为了进一步分析意志行动对自信的影响程度，将意志行动的目标、调控能力和困苦高低分组在自信指标上的得分进行分析。将大学生被试按目标、调控能力和困苦的得分从高到低排序，由高到低取总人数的 27% 作为高分组，由低到高取总人数的 27% 作为低分组，然后比较高分组和低分组被试在自信得分上的差异，结果如表 6.12、6.13、6.14。

表 6.12　目标高低分组在自信上的得分差异

	目标低分组		目标高分组		t	p
	M	SD	M	SD		
自信	3.125	.550	3.620	.416	−4.546	.000

表 6.13　调控能力高低分组在自信上的得分差异

	调控能力低分组		调控能力高分组		t	p
	M	SD	M	SD		
自信	3.166	.572	3.595	.467	−3.672	.000

表6.14　困苦高低分组在自信上的得分差异

	困苦低分组		困苦高分组		t	p
	M	SD	M	SD		
自信	3.435	.490	3.385	.595	.410	.683

　　从结果来看，目标高分组在自信问卷上的得分大于低分组且差异显著（p＜0.05）；调控能力高分组在自信问卷上的得分也大于低分组且差异显著（p＜0.001）；但困苦高分组在自信问卷上的得分小于低分组，不过差异并不显著。

　　从自信与意志行动的关系来看，目标和调控能力与自信呈显著正相关，困苦则与之呈负相关，但相关的程度很低。这说明，个体意志行动的目标越是明确重要、越是可行，意志行动的调控能力越强，则个体的自信水平就可能越高。

　　意志行动的目标与自信的关系是，人们对自我的评价（认知）与感受（情感）是相互联系的，人们往往对某个对象有什么看法，就会产生相应的情绪反应；当然，对某个对象有了某种感受，也会相应地产生一定的认识。这也就是说，意志行动目标得分较高，表现了自信者对目标的积极评价；同样，一个自信的人，更倾向于对自己的目标做出更积极的评价，因而目标更可能体现出重要性、价值性、明确性和可行性的特征。

　　从自信的概念来看，自信是对自己的能力和判断的肯定和积极的评价，在意志行动中，自信者可能对意志行动完成的预期更高，因此对意志行动的目标评价会更为积极，但自信心的增强和巩固，与对自我能力和判断的最后结果是相联系的，而意志行动的调控能力对意志行动的执行起着至关重要的作用。因此，自信者还应确信自己对行动的控制感，并可能对意志行动完成的结果保持乐观的评价。

　　那么，调控能力在哪一方面与自信的关系更大呢？从对自信的影响作用来看，调控能力的作用主要体现在：第一是个体对意志行动是否具有控制力，第二是是否能够坚持，完成意志行动，第三是对意志行动的努力程度如何。这三点中，控制力和坚持性成为意志行动控制中最重要的因素（两者与自信的相关最高）。控制自己行为的能力越强，就越容易达成目标，就越可以增强个体的自信；而能否克服困难完成目标又与是否能够坚持目标联系在一起，因此坚持性是控制力的保障。这样，较强的调控能力更有利于目标的实现，由此进一步验证自信对目标的预期并强化自信的水平。这说明，调控能力因素中，坚持性与意志行动结果的联系最大，对自信的影响也更大。

困苦与自信呈负相关，说明困苦水平越低，则自信水平有更高的倾向，反之亦然。但困苦与自信的这种相关并不显著，困苦高低分组在自信上的得分也没有差异，这说明在意志行动中，意志行动的难度、挑战和压力并不是影响自信水平的重要因素。这可能是因为意志行动本身是一个通过努力克服困难的心理过程，在完成意志行动时困难本身是不可避免的，因此困苦的水平低而自信水平高这种现象，是通过增强调控能力来实现的，这时候困苦与自信的关系就可能会出现不显著的情况。

对意志行动与自信的关系研究说明，个体在意志行动上表现为目标明确可行、评价高、调控能力强而困苦水平低，则自信水平也高。同样，一个越自信的人，也越有可能在意志行动上表现为目的性强、调控能力好而困苦水平低的特征。

三、意志行动与自立

自立（Self – independence）是一个中国本土化的概念，也是健全人格理论中的一个概念。自立是一个涉及多个学科的宽泛概念，它指的是个体自己解决所遇到的基本生存与发展问题。自立既涉及个体的生存方式，不同环境的适应能力，也可以是做人的、成长的基点，是大学生的立身之本，更是自我成长的标志、结果和动机。[①] 因此，自立实际上体

---

① 夏凌翔、黄希庭：《自立、自主、独立特征的语义分析》，《心理科学》2007 年第 2 期。

现了个体在发展中克服困难的一种体验和过程，这与意志行动在内涵上有相同之处。

西方与自立较为接近的概念是自主。自主可以定义为意志体验，[1]或自我依靠（self - reliance）和自我调节（self - regulation）。自我调节指的是个体改变自己的行为、抵制诱惑或适应心态的一种过程，因此也可以叫作自我控制（self - control）。[2] 自我调节这一概念的提出意在将学习理论应用于人类的行为，从一角度上说，自我调节具有自我指向的意义并体现了意志的成分，例如自我调节可以研究有意且具有明确目的性的行为，[3] 这与意志行动的内涵有共同之处。近期，对自我调节的概念的认识更加深入，自我调节更被认为是一个个体如何在一段时间内（几天、几个星期或者几年）抵制诱惑、努力坚持和仔细衡量来选择较为合适恰当的行动，以达到目标的过程。从这个意义上看，自我调节与意志行动在概念的内涵和外延均有相似的地方。因此，自立与意志行动有一定的相关性，并且意志行动在一定程度上能够解释自立的特征。

采用意志行动的引出步骤、提炼步骤以及意志行动评价步骤，"青少年学生自立人格量表"[4] 根据自立人格理论而编制而成。该理论认为，青少年学生的自立人格可以被建构为涉及人际自立与个人自立两个

---

① C. Levesque, A. N. Zuehlke, L. R. Stanek & R. M. Ryan, "Autonomy and Competence in German and American University Students: a Comparative Study Based on Self - determination Theory", *Journal of Educational Psychology*, Vol. 96 (2004), pp. 68 - 84.

② R. F. Baumeister & K. D. Vohs, "Self - regulation and the Executive Function of the Self", in *Handbook of Self and Identity*, M. R. Leary & J. P. Tangney (Eds.), New York: Guilford, 2003, pp. 197 - 217.

③ E. L. Deci & R. M. Ryan, "A Motivational Approach to Self: Integration in Personality", in *Nebraska Symposium on Motivation: Vol. 38. Perspectives on Motivation*, R. Dienstbier (Ed.), Lincoln: University of Nebraska Press, 1991, pp. 237 - 288; M. R Banaji & D. A. Prentice, "The Self in Social Context", *Annual Reviews of Psychology*, Vol. 45 (1994), pp. 279 - 332.

④ 夏凌翔:《青少年学生自立人格的理论与实证研究》，西南大学博士学位论文，2006 年。

方面的共10种特质，即人际独立、人际主动、人际责任、人际开放与人际灵活以及个人独立、个人主动、个人责任、个人开放和个人灵活。该量表的信效度较好。

共有219名大学生被试参与了意志行动与自立关系的研究，其中男生122人，女生97人。

表6.15 意志行动与自立的相关

	人际自立	个人自立	人际独立	人际主动	人际责任	人际灵活	人际开放	个人独立	个人主动	个人责任	个人灵活	个人开放
目标	.213*	.243**	.072	.049	.197*	.221*	.137	.231**	.268**	.163	-.165	.054
调控能力	.274**	.207*	.138	.111	.260**	.291**	.062	.169	.389**	.136	-.301**	.087
困苦	-.155	.042	-.059	-.048	-.002	-.164	-.190*	.090	-.050	.077	.007	-.034
重要性	.138	.104	.067	.098	.043	.075	.118	.088	.179*	.059	-.098	.007
明确性	.122	.215*	.009	.011	.178*	.209*	.034	.234**	.251**	.159	-.142	-.017
价值性	.186*	.174*	.057	.028	.163	.170	.169	.153	.174*	.123	-.135	.080
可行性	.248**	.294**	.119	.040	.241**	.257**	.127	.274**	.280**	.185*	-.166	.092
控制力	.235**	.188*	.087	.094	.201*	.293**	.076	.167	.331**	.117	-.244**	.063
坚持性	.231**	.247**	.126	.073	.208*	.244**	.071	.157	.389**	.130	-.218*	.107
拼搏性	.233**	.203*	.140	.126	.251**	.233*	-.019	.186*	.349**	.150	-.268**	.052
果断性	.278**	.063	.137	.102	.271**	.265**	.096	.075	.294**	.075	-.359**	.082
难度	-.174*	.063	-.086	-.065	-.024	-.192*	-.156	.082	-.118	.083	.109	-.026
挑战	-.036	.031	.028	.007	.033	-.068	-.113	.076	.003	.061	-.016	-.059
压力	-.139	.002	-.071	-.047	-.010	-.113	-.166	.050	.003	.033	-.079	.005

（注：** $p < 0.01$，* $p < 0.05$）

从表6.15可以看出，人际自立与目标的价值性与可行性、调控能力的各维度呈显著正相关，但与目标的重要性和明确性呈不显著正相关，与难度呈显著负相关，与挑战和压力呈不显著负相关；个人自立与除了重要性以外的目标其他维度呈显著正相关，与除了果断性以外的其他调控能力维度呈显著正相关，与困苦各维度呈不显著正相关。

运用逐步回归分析，在因素（A）和维度（B）两个层次上筛选对自立最有影响力的意志行动因素。（表6.16、表6.17）

回归分析说明，意志行动能够预测自立，其中调控能力的果断性对人际自立预测较好，目标的可行性对个人自立预测较好。

表 6.16　意志行动对人际自立的逐步回归分析摘要

Model	B		Std. Error	Beta	t	Sig.	R	R^2	Adjusted R^2
A	（Constant）	2.957	.158		18.742	.000	.274	.075	.068
	调控能力	.073	.023	.274	3.218	.002			
B	（Constant）	2.949	.157		18.743	.000	.278	.077	.070
	果断性	.080	.024	.278	3.276	.001			

表 6.17　意志行动对个人自立的逐步回归分析摘要

Model	B		Std. Error	Beta	t	Sig.	R	R^2	Adjusted R^2
A	（Constant）	3.093	.155		19.903	.000	.243	.059	.052
	目标	.054	.019	.243	2.835	.005			
B	（Constant）	3.138	.115		27.313	.000	.294	.086	.079
	可行性	.050	.014	.294	3.475	.001			

为了进一步分析意志行动对自立的影响程度，将意志行动的目标、调控能力和困苦高低分组在自立指标上的得分进行分析。将大学生被试按目标、调控能力和困苦的得分从高到低排序，由高到低取总人数的27%作为高分组，由低到高取总人数的27%作为低分组，然后比较高分组和低分组被试在自立得分上的差异，结果如表6.18、6.19、6.20。

表6.18　目标高低分组在自立上的得分差异

	目标低分组		目标高分组		t	p
	M	SD	M	SD		
人际自立	3.338	.375	3.592	.421	−2.666	.010
个人自立	3.422	.277	3.638	.329	−2.963	.004

表6.19　调控能力高低分组在自立上的得分差异

	调控能力低分组		调控能力高分组		t	p
	M	SD	M	SD		
人际自立	3.368	.366	3.581	.440	−2.196	.032
个人自立	3.457	.274	3.622	.373	−2.113	.038

表6.20　困苦高低分组在自立上的得分差异

	困苦低分组		困苦高分组		t	p
	M	SD	M	SD		
人际自立	3.547	.478	3.360	.436	1.709	.092
个人自立	3.525	.352	3.590	.281	−.844	.402

从结果来看，目标高分组在人际自立和个人自立上的得分都大于低分组且差异显著（p<0.05）；调控能力高分组在两者上的得分也大于低分组且差异显著（p<0.05）；困苦高分组在人际自立上的得分小于低分组，不过差异不显著，在个人自立上大于低分组，差异也不显著。

从意志行动与自立的关系来看，除了重要性外，目标和调控能力各维度与人际自立和个体自立都呈显著正相关，困苦则与之呈负相关，除了难度外，相关都不显著。这说明，个体意志行动的目标越是明确可行，意志行动的调控能力越强，则个体的自立水平就可能越高。

意志行动和自立的联系性与其和自尊、自信的联系不同，因为自立是一个与现实行为更为关联的概念，而不只是对情感的体验和对能力的确信。换言之，与自尊和自信相比，自立更能体现意志行动的特征。自立者最重要的特征是解决问题的自我调控能力，因此在意志行动中可能表现为具有控制力、善坚持、能拼搏和果断性强的特征，调控能力高低分组在自立上的得分差异分析也间接地说明了这一点。

意志行动的调控能力为何对自立有重要的影响呢？这可能是因为自立总是要与解决问题联系起来的，因此自立就会体现出自我概念中多种与行动相关的因素。自我并非是被动的、无关紧要及无反应的存在，相反，自我在意志过程中具有自我改变或自我修正功能，体现了自我的主动性、参与性、反应性和目的性的特点。因此，自我能够掌控行为，例如改变某种行为倾向、克制某种反应以及启动非经直接环境刺激引起的行为，这就是自我的执行功能（executive function）。自我的执行功能的核心是控制，它的过程可以用三个成分来解释：建立目标，进行某种行动而达到目标和监控行动的进展是否达到目标。[①] 由此可见，自我与控制是不可分割的。自立作为一种自我概念，同时又是与行为更为接近的健全人格概念，它的实质也就更集中地体现了这一点。再有，从自我调节和自我控制（self - control）来看，自我的执行功能从进化化的观点来看就是自我与环境关系的改进，所以环境与自我的调和的最佳方法就是自我进行改变而不是环境。因此，更灵活的自我更能适应物理环境的变化，也更能适应人际环境的变化，自我的执行功能正由此体现。从这个角度上说，一个调控能力更强的人，其自我的执行功能更强，更能适应环境的变化，更能解决生存的问题。因此，调控能力对于自立者解决

① R. F. Baumeister, T. F. Heatherton & D. M. Tice, *Losing Control: How and Why People Fail at Self - Regulation*, San Diego , CA : Academic Press, 1994, pp. 6 - 11; C. S. Carver & M. F. Scheier, *Attention and Self - regulation: A Control - theory Approach to Human Behavior*, New York: Springer - Verlag, 1981, pp. 15 - 24.

基本的生存问题和发展问题，是最为重要的因素之一。

值得注意的是，个人灵活与调控能力因素呈显著负相关，这可能与灵活性的定义有关。按照青少年自立量表编制者的预想，灵活性是一种制约与适应机制，灵活性让个体的问题解决能够符合现实，帮助个体在独立自主与依赖之间游刃有余。然而，可能因为灵活地解决问题并不一定关乎意志行动的实现，有的时候甚至会妨碍意志行动的实现，因为意志行动的执行需要坚决、持久的一贯精神，灵活性可能会使意志行动的坚持受到影响。

自立是要解决个体基本的生存和发展问题，因此自立与目标的关系也很重要。从意志行动与自立的关系来看，目标的可行性与人际自立和个体自立的相关最显著且对个人自立有预测效力，说明个体根据自身的能力来衡量目标是否可行对自立有重要的影响。换言之，自立者在进行意志行动目标设立时，可能更看重目标实现的可能性，因为目标的可行性直接关系到目标是否能够顺利完成。

困苦与人际自立呈负相关，与个人自立呈正相关，不过相关均不显著。也就是说，在人际领域，自立得分越高，困苦的水平则越低；但在个人领域则相反。这可能说明自立总是与解决问题联系在一起的。因此在意志行动中，自立的人会倾向于把困苦视作意志行动的必要部分，这可能是个人自立与困苦呈正相关的原因。

四、意志行动与健全人格养成

（一）意志行动有助于形成自尊、自信和自立的人格

总的来看，健全人格的自尊、自信、自立与意志行动都有着密切的关系，这种关系表现在意志行动的目标和调控能力因素与健全人格的组成部分的显著相关上。具体地说，就是意志行动的目标和调控能力因素可以预测自尊、自信、自立和主观幸福的水平。虽然目标和调控能力对于预测健全人格诸组成部分的侧重不同，但对高低分组目标、调控能力在这几个部分上的得分差异来看，目标和调控能力的区分性还是比较显著的，这就进一步验证了意志行动与健全人格的密切联系。

从预测自尊、自信、自立的意志行动因素来看，目标对自尊和自我价值感有预测力，调控能力对自信有较强的预测力；目标和调控能力两者都对自立和幸福感都有不同程度的影响，这说明意志行动能够解释自尊、自信、自立的不同机制。首先，目标对自尊和自我价值感的预测说明了自尊和自我价值感是与情感体验密切的自我概念，因为就情感而言，情感是目标认知评价的一个重要反应指标；而且，个体对所进行的事情或行动的自我价值感期待越大，所体验到的积极情感增强和降低的强度就越大。其次，调控能力对自信有较强的预测力说明自信是与个体对自己能力和判断的确信，对自我能力的判断适度，则对意志行动的调控能力会更强。第三，目标和调控能力对自立均有预测作用说明自立既涉及为了解决基本生存与发展问题对目标的选择和评价，又涉及解决问题所需要的调控能力。

因此，意志行动可以解释自尊、自信和自立的特征，自尊、自信、自立又反过来印证了意志行动的结构。意志行动表现为目标合理、调控能力强而困苦水平低，则可能表现为更高的自尊、自信和自立水平。

（二）意志行动有助于形成自强的品格

自强是个体不断提升自我，充分发挥自身潜能，努力进取，克服困难的人格过程。在健全人格的发展中，自强处在一个层次较高的地位，可以说是健全人格发展中的最高境界。因此，自强的发展是循序渐进的，不可能一蹴而就。例如，从自强与自立的关系上看，自强的特征必然反映自立的特征，说明自强是在自立的基础上发展起来的人格特征。

意志行动是意志在日常行动为中的反映，是一个通过努力、克服困难而坚持实现目标的心理过程。对自强和意志的概念分析发现，这两者间的内涵有程度很大的共同性，这说明自强与意志行动的联系很紧密，自强离不开意志行动的参与。一屋不扫，何以扫天下？一个自强不息的人，必然具有远大的奋斗目标，但他同时又不是一个好高骛远的人。因此，这个目标的实现需要不懈的努力，并且要脚踏实地，从实现近期、较小的目标开始，以此作为实现最终目标的基础和过渡。意志行动则很好地说明了这些近期、较小的而具体的目标执行和实现过程。

从意志行动定义和结构来看，意志行动与自强都具有克服困难而实现目标的性质。因此，从意志行动也可以推断一个人的自强水平。换言之，以意志行动为支撑的自强行为，在意志行动中也会有所体现。同时，从意志行动的组织结构来看，意志行动间呈现一种层级的网状组织结构。这种结构是一个积极的动力系统，一方面有助于意志行动的相互实现，另一方面将一个个较小的意志行动整合为一个更大的意志行动目标系统。这个系统反映了一个潜在的意志行动目标，它以各个意志行动为基础，但与单个的意志行动不同，指向一个更高层次的自我发展。如果个体意识到这个更大的意志行动目标，则这一过程可能转化为个体的自强过程；如果个体暂时没有体会到，则意志行动目标可能只是为自强奠定了实现的基础。

虽然自尊、自信、自立会在不同程度上与个体的幸福感或社会适应相联系，但这种联系可能只是单一的联系，意志行动则可能将自尊、自信和自立与幸福联系起来，使意志在其基础上发挥作用，提高个体的幸福体验和适应能力。这样，对幸福感的体验反过来也会增强个体的自尊、自信和自立水平。因此，意志行动起到了一个联系自尊、自信、自立和幸福与适应的纽带作用。而意志行动的不断完善提升，就会在健全人格的水平上，最终实现自我提高，达到自强。

第二节 意志行动与幸福感

上述研究说明意志行动与自尊、自信和自立有着密切的联系，意志行动与努力进取、克服困难的自强特质也有着共同的内涵。自尊、自我价值感与幸福有较强的相关，① 自信、自立与幸福感也有联系。那么，意志行动与幸福感的关系会是怎样的呢？目标理论的研究表明，人格不仅可以用特质来加以说明，也可以用个体努力奋斗的目标来解释，而目标与幸福的关系主要通过自我效能为中介变量来影响幸福感；具有内容有意义、结构良好、他人支持、自我效能和低压力个体的个人计划，其幸福感亦会不同程度地提高。② 目标的内容、个体实现目标的方式以及目标实现的结果都将影响到人们的幸福感。这其中，人际关系、生活满意度以及情感等是幸福感的重要内容。

一、意志行动与人际关系

从第四章的分析可以看到，意志行动可分为三个因素结构，在这个结构中，意志行动可以解释为通过努力、克服困难而坚持实现目标的心理过程。然而，由于人的行动都会受到环境，尤其是社会环境的影响，因而在考察对意志行动的影响因素中，应侧重于对社会人际因素的分析。从计划、目标实施的外部条件和结果来看，社会人际、他人对个体的评价和看法都是影响有目的行为的重要的社会环境因素，可能对意志行动的实施和完成产生影响。不过，社会人际虽然重要，但社会影响只是一种外部的环境因素，在意志行动中，它可能只起着一种缓冲的作用，并且可能通过中介的方式对意志行动产生间接作用。

在个人计划分析中，社会人际和情感是两个重要的影响个人计划实施的变量。在本部分研究中，社会人际以个人计划中的维度来定义，包括通过理论和因素分析获得的他人对意志行动的了解（了解度）、他人

---

① 徐维东、吴明证、邱扶东：《自尊与主观幸福感关系研究》，《心理科学》2005年第3期；汪宏、窦刚、黄希庭：《大学生自我价值感与主观幸福感的关系研究》，《心理科学》2006年第3期。

② B. R. Little, "Personal Projects Analysis: Trivial Pursuits, Magnificent Obsessions, and the Search for Coherence", in *Personality Psychology: Recent Trends an Emerging Issues*, D. M. Buss, N. Cantor (Eds.), New York: Springer – Verlag, 1989, pp. 15 – 31.

对意志行动的评价（评价度）和他人对意志行动的支持（支持度）三个维度。

采用建立在 PPA 基础上的意志行动引出步骤、意志行动提炼步骤以及意志行动评价步骤，形成意志行动基本结构矩阵。在基本结构矩阵中，加入社会人际因素作为与意志行动关系分析的变量。社会人际因素包括他人了解度、他人对重要性的看法/他评度和支持度三个维度，其结构可以通过对意志行动的因素分析获得。

共有大学生被试 757 人参加本部分研究，有效问卷 732 份，其中，女生 374 人，男生 354 人，4 人无性别信息。

从意志行动与社会人际的相关关系来看（表 6.21），社会人际因素各维度与意志行动的目标因素和调控能力因素各维度之间均具有显著的相关，但与困苦因素各维度之间多无显著的相关关系。

表 6.21　意志行动与社会人际的相关矩阵

	重要性	明确性	价值性	可行性	难度	挑战	压力	控制力	坚持性	拼搏性	果断性
了解	.274**	.310**	.281**	.224**	-.072	-.076	-.164**	.339**	.398**	.330**	.301**
评价	.397**	.433**	.504**	.413**	-.089	.033	-.076	.343**	.318**	.411**	.316**
支持	.407**	.558**	.514**	.525**	-.166**	-.021	-.080	.393**	.374**	.472**	.308**

基于对意志行动与社会影响的关系分析，设定一个人际、目标和调控能力的关系假设模型，社会人际与困苦因素各变量之间无显著相关，未纳入分析（图 6.1）。模型中，路径 r1 – r4 分别设定，将控制作为因变量，目标和社会人际分别为自变量和中介变量，构成目标中介模型（M1）、人际中介模型（M2）和交互中介模型（M3）。

三个模型的拟合情况见表 6.22。

从各项拟合指标来看，根据模型拟合度可接受标准和意志行动研究的特点，三个假设模型的数据拟合情况可以接受。模型一（M1）说明

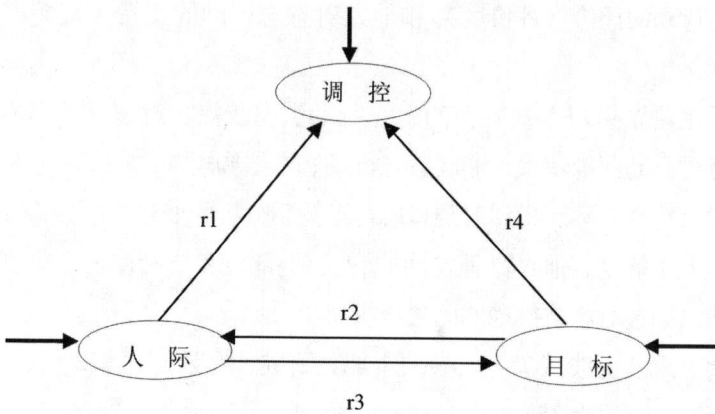

图 6.1　目标、调控能力与社会人际关系模型示意图

目标可以解释人际对控制的效应，同样，模型二（M2）说明社会人际也可以解释目标对调控能力的效应，不过模型二的拟合没有模型一的数据拟合理想。在设定目标和社会人际交互解释调控能力后，模型三（M3）说明人际对调控能力的解释效应下降，没有达到显著水平。这说明，在社会人际和目标交互影响的前提下，目标对调控能力的贡献是直接的，而人际直接预测调控能力的效应并不显著，但社会人际却可以间接通过目标对调控能力有所贡献。因此，目标既起着直接预测调控能力的作用，又是社会人际预测调控能力的中介变量。

表 6.22　目标、调控能力与社会人际关系模型拟合指标摘要

	CMINDF	SRMR	GFI	AGFI	NFI	RFI	IFI	TLI	CFI	RMSEA
M1	3.211	.0446	0.954	0.919	0.951	0.929	0.966	0.950	0.965	0.071
M2	3.736	.0444	0.945	0.904	0.943	0.917	0.957	0.938	0.957	0.079
M3	3.267	.0463	0.954	0.918	0.951	0.927	0.966	0.949	0.965	0.072

对意志行动的目标、调控能力和社会人际因素间的关系研究发现，目标对个体调控能力具有较强的解释力，这说明这目标的确立和认知在意志行动中起着非常重要的作用。目标在意志行动中为什么会有如此重

要的作用呢？这是因为目标具有动力性的特征，它直接指向行为。目标
是个人确立并指导其行为的内部心理表征，这种心理表征可以用来检验
行为，对自己是否要继续维持某种行为进行反馈。Bandura[①] 的研究也
表明，与没有设定目标的被试相比，那些自己设定目标的被试的努力程
度更高，低目标者的努力程度又不如高目标者。因此，当个体形成了自
己的目标或目标系统后，就会产生持久的动力，长期坚持某种努力，尽
可能地达成目标。在意志行动中，目标体现意志行动目的的更隐性、更
深层的涵义，意志行动本身是一个个的行为目标，对其进行的重要性、
明确性、可行性和价值性的评价是对目标实施的深层理解。从另一个方
面来说，重要性、明确性、可行性和价值性的评价也是对目标行为的一
种反馈形式，而这种既有目标又有反馈的行为，已被证明具有良好的动
机作用，因而更能够提高活动的成效。[②]

　　目标对意志行动的调控能力具有如此重要的影响，社会人际因素在
其中又起着什么作用呢？在意志行动中，良好的人际关系有助于意志行
动的完成。社会影响因素主要包括人际因素的三个方面：他人的了解、
他人的评价和他人的支持，这三方面构成意志行动的人际环境。从社会
的角度上说，个体进行自我的构建和再建就是依据与个体自身密切相关
的人际关系的。按照 Cooley 的比喻，我们之所以成为我们在一定程度上
就是那些与我们关系密切的人的映射。[③] 正因为如此，人际在总体上促
成了自我概念的形成，由此个体可以对自我进行积极或消极的评价。例
如，他人对某一个体的看法就是个体自尊形成的特别重要的因素，自尊

① A. Bandura, "Self - regulation of Motivation and Action through Internal Standards and Goal Systems", in *Goals Concepts in Personality and Social Psychology*, L. A. Pervin (Ed.), Hillsdale, NJ: Erlbaum, 1989, pp. 19 - 85.

② A. Bandura & D. Cervone, "Self - evaluative and Self - efficacy Mechanisms Governing the Notivational Effects of Goal Systems", *Journal of Personality and Social Psychology*, Vol. 45 (1983), pp. 1017 - 1028.

③ C. H. Cooley, *Human Nature and Social Order*, New York: Scribner's, 1992.

起着一个标尺的作用，提醒个体是否受人喜欢或是让人讨嫌。① 这样，个体在形成自我的过程中，就会显示出符合社会期望的行为，表现为人际影响自我的"行为确认"（Behavioral Confirmation）。也就是说，这是一个个体自我与他人对其预期相一致的行为过程。② 著名的"罗森塔尔效应"（Rosenthal Effect）就是这样的一个例子。③ 人际影响自我的另一个方面是，在与个体亲密的人际关系中，他人包括在自我当中，认知的自我表征就与他人重叠起来，作用于自我的构建与重建。④

　　意志行动中的社会人际因素与目标因素的联系体现了个体在意志行动中的自我构建，个体在人际环境的影响下，逐渐形成对意志行动的社会认知，以价值性为参照，以明确性为表现，并在重要性上衡量可行性。人际因素正是以这种方式影响着目标的评价，最后以间接的方式对意志行动的调控能力产生影响效果。反过来，目标和调控能力对人际也有影响作用。

---

① M. R. Leary & D. L. Downs, "Interpersonal Functions of the Self – esteem Motive: The Self – esteem System as a Sociometer", in *Efficacy, Agency, and Self – esteem*, M. Kernis (Ed.), New York: Plenum, 1995, pp. 123 – 144; M. R. Leary, "The Social and Psychological Importance of Self – esteem", in *The Social Psychology of Emotional and Behavior a Problems: Interfaces of Social and Clinical, Psychology*, R. M. Kowalski & M. R. Leary (Eds.), Washington, DC: American Psychological Association, 1999, pp. 197 – 221.

② J. M. Darley & R. H. Fazio, "Expectancy Confirmation Processes Arising in the Social Interaction Sequence", *American Psychologist*, Vol. 35 (1980), pp. 867 – 881; M. J. Harris & R. Rosenthal, "Mediation of Interpersonal Expectancy Effects: 31 Meta – analyses", *Psychological Bulletin*, Vol. 97 (1985), pp. 363 – 386.

③ R. Rosenthal & L. F. Jacobson, "Teachers Expectations for the Disadvantaged", *Scientific American*, Vol. 218 (1968), pp. 19 – 23.

④ E. N. Aron & C. Norman, "The Self Expansion Model of Motivation and Cognition in Close Relationships and Beyond", in *Blackwell Handbook in Social Psychology*, G. J. O. Fletcher & M. Clark (Eds.), Vol. 2: Interpersonal Processes, Oxford, UK: Blackwell, 2001, pp. 478 – 504.

二、意志行动与主观幸福感

由于意志行动具有目的性的调控能力的特点，它在一定程度上与自主的联系较为紧密。而自主被认为是个体发展过程中影响幸福感的重要因素。① 因此，无论从意志行动与有目标的行动的关系来看，还是从意志在健全人格范畴中所处的位置和作用来看，意志行动都与幸福有着紧密的联系。因此可以认为，意志行动与幸福感应该存在较高的相关并对幸福感产生重要影响。

主观幸福感（Subjective Well‑being，SWB）指人们对自己生活质量的总体的评价。De Neve 认为主观幸福感就是对生活满意度的评价、对婚姻满意度的评价等。② Diener 认为主观幸福感包括了生活满意感、积极情感和消极情感三个部分。③ 这种观点比较具有代表性。

采用意志行动的引出步骤、提炼步骤以及意志行动评价步骤，Diener 编制了"生活满意度量表"和 Diener 等编制了"国际大学生心理调查"中的积极情感和消极情感两个分量表。"生活满意度量表"为 7 点自评式量表，从"完全不符合"到"完全符合"分别评定为 1－7 级，得分越高则生活满意度越高，该量表具有较好的信度和效度；积极情感和消极情感量表为 9 点自评式量表，从"根本没有"到"所有时间"的 1－9 级让被试报告他们在过去一周里 14 种积极和消极情感的体验频率。该量表信效度较好。经过翻译，这两个分量表的中文版一致性信度

① L. J. Bridges, "Autonomy as an Element of Developmental Well‑Being", in *Well‑Being: Positive Development Across the Life Course*, M. H. Bornstein, L. Davidson, C. L. M. Keyes & K. A. Moore (Eds.), Mahwah, NJ: Lawrence Erlbaum Associates, 2003, pp. 167－175.

② K. M. De Neve, "Happy as an Extraverted Clam? The Role of Personality for Subjective Well‑being", *Current Direction in Psychological Science*, Vol. 8, No. 5 (1999), pp. 141－144.

③ E. Diener, "Assessing Subjective Well‑being: Progress and Opportunities", *Social Indicators Research*, Vol. 31 (1994), pp. 103－157.

分别是 0.81、0.81。①

共有 246 名大学生被试参加了意志行动与主观幸福感的关系研究，其中男 104 人，女 139 人，另有 3 人性别不详。

由于积极情感和消极情感是主观幸福感的组成部分，分析时也将意志行动的情感维度一并考虑。意志行动、意志行动情感与主观幸福感的相关分析结果见表 6.23。

表 6.23　意志行动与主观幸福感的相关

	生活满意度	SWB 积极情感	SWB 消极情感
目标	.156	.389 **	−.203 *
困苦	−.088	.007	.174 *
调控能力	.243 **	.353 **	−.192 *
意志行动积极情感	.016	.299 **	−.012
意志行动消极情感	−.213 **	−.122	.310 **
重要性	.041	.297 **	−.155
明确性	.167 *	.387 **	−.181 *
价值性	.170 *	.344 **	−.177 *
可行性	.147	.291 **	−.178 *
难度	−.125	−.100	.118
挑战	.021	.107	.010
压力	−.092	.016	.264 **
控制力	.272 **	.313 **	−.181 *
坚持性	.285 **	.378 **	−.168 *

① 严标宾、郑雪、邱林：《大学生主观幸福感的影响因素研究》，《华南师范大学学报（自然科学版）》2003 年第 2 期。

	生活满意度	SWB 积极情感	SWB 消极情感
拼搏性	.117	.281**	−.112
果断性	.140	.192*	−.187*

（注：** p＜0.01，* p＜0.05）

生活满意度只与目标的明确性和价值性、调控能力的控制力和坚持性有显著正相关，与重要性、可行性、挑战、拼搏性和果断性有正相关但不显著，与难度和压力呈不显著负相关；SWB 积极情感与目标和调控能力各维度呈显著正相关，与挑战、压力呈不显著正相关，与难度呈不显著负相关；SWB 消极情感与除重要性外的目标各维度和除拼搏性外的调控能力各维度呈现显著负相关，与困苦各维度呈正相关但只与压力相关显著。

意志行动情感与 SWB 情感关系见表 6.24。

表 6.24　意志行动情感与 SWB 情感的相关

	意志行动积极情感	意志行动消极情感	SWB 积极情感	SWB 消极情感
意志行动积极情感	1	.218**	.299**	−.012
意志行动消极情感	.218**	1	−.122	.310**
SWB 积极情感	.299**	−.122	1	−.380**
SWB 消极情感	−.012	.310**	−.380**	1

（注：** p＜0.01）

从表可以看出，在两种情感因素之间，SWB 积极情感与意志行动积极情感、SWB 消极情感与意志行动消极情感均呈现正相关。这说明，不同类型但同向的情感具有一定正相关性；SWB 消极情感与意志行动积极情感，SWB 积极情感与意志行动消极情感呈负相关但不显著，这说明不同类型且不同向的情感具有一定的负相关性；在同一情感因素间，SWB 积极情感与 SWB 消极情感呈现显著负相关，但意志行动积极情感与意志行动消极情感却呈现显著正相关，这说明，主观幸福感的情感因素与意志行动的情感因素具有不同的指向意义。

采用逐步回归，以生活满意度为因变量，意志行动为自变量进行逐步回归分析，结果如表 6.25。回归分析说明，意志行动可以作为生活满意度的有效预测因子，其中坚持性的预测力最好。

表6.25　意志行动对生活满意度的逐步回归分析摘要

Model		B	Std. Error	Beta	t	Sig.	R	R²	Adjusted R²
A	(Constant)	10.058	2.470		4.072	.000	.249	.062	.056
	调控能力	.181	.057	.249	3.182	.002			
B	(Constant)	10.938	1.892		5.782	.000	.285	.081	.075
	坚持性	.976	.265	.285	3.684	.000			

采用同样的方法对 SWB 积极情感和消极情感进行逐步回归分析，结果见表 6.26 和表 6.27。回归分析说明，意志行动可以作为 SWB 积极和消极情感的有效预测因素，其中目标的明确性最有预测效力，不过对积极情感的预测的效果更好。

表6.26　意志行动对 SWB 积极情感的逐步回归分析摘要

Model		B	Std. Error	Beta	t	Sig.	R	R²	Adjusted R²
A	(Constant)	7.597	4.801		1.582	.116	.381	.145	.139
	目标	2.908	.586	.381	4.966	.000			

续表

Model	B		Std. Error	Beta	t	Sig.	R	R²	Adjusted R²
B	(Constant)	11. 393	3. 942		2. 890	.004	.390	.152	.146
	明确性	2.476	.485	.390	5. 101	.000			

表 6.27　意志行动对 SWB 消极情感的逐步回归分析摘要

Model	B		Std. Error	Beta	t	Sig.	R	R²	Adjusted R²
A	(Constant)	39. 393	5. 431		7. 254	.000	.198	.039	.033
	目标	- 1. 611	.662	- 198	- 2. 433	.016			
B	(Constant)	35. 854	4. 496		7. 975	.000	.176	.031	.024
	明确性	- 1. 192	.554	- . 176	- 2. 154	.033			

　　为了进一步分析意志行动对主观幸福感的影响，将意志行动的目标、调控能力和困苦高低分组在生活满意度、积极情感和消极情感指标上的得分进行分析。将被试按目标、调控能力和困苦的得分从高到低排序，由高到低取总人数的 27% 作为高分组，由低到高取总人数的 27% 作为低分组，然后比较高分组和低分组被试在主观幸福感上的得分差异，结果如表 6.28、6.29、6.30。

表 6.28 目标高低分组在主观幸福感上的得分差异

	目标低分组		目标高分组		t	p
	M	SD	M	SD		
生活满意度	16. 550	5. 198	19. 025	5. 156	- 2. 138	.036
SWB 积极情感	27. 500	8. 054	35. 800	8. 620	- 4. 449	.000
SWB 消极情感	27. 675	9. 370	23. 075	7. 269	2. 453	.016

表6.29　调控能力高低分组在主观幸福感上的得分差异

	调控能力低分组		调控能力高分组		t	p
	M	SD	M	SD		
生活满意度	16.100	4.639	19.625	5.659	-3.046	.003
SWB 积极情感	26.225	7.570	35.175	8.261	-5.052	.000
SWB 消极情感	28.500	10.689	24.275	8.286	1.976	.052

表6.30　困苦高低分组在主观幸福感上的得分差异

	困苦低分组		困苦高分组		t	p
	M	SD	M	SD		
生活满意度	18.200	4.507	17.075	6.366	.912	.365
SWB 积极情感	30.525	8.643	30.900	9.491	-.185	.854
SWB 消极情感	24.225	7.644	29.175	12.222	-2.172	.033

从结果来看，目标高分组在生活满意度的得分大于低分组且差异显著（$p < 0.05$），在积极情感上的得分也大于低组且差异非常显著（$p < 0.001$），目标高分组在消极情感上得分小于低分组且差异显著（$p < 0.05$）；调控能力高分组在生活满意度上的得分大于低分组且差异显著（$p < 0.05$），在积极情感上的得分同样大于低组且差异非常显著（$p < 0.001$），在消极情感上得分小于低分组但差异不显著；困苦高分组在生活满意度上的得分小于低分组，不过差异不显著，在积极情感上大于低分组，差异也不显著，在消极情感上大于低分组且差异显著（$p < 0.05$）。

从主观幸福感与意志行动的关系分析来看，意志行动的目标对主观幸福感的情感体验影响较大，调控能力则对生活满意度影响更大。进一步的分析说明，目标和调控能力的不同水平可以解释主观幸福感水平的高低。

　　主观幸福感是一个非常复杂的问题，确定何种因素影响到个体主观幸福感的形成并不容易。[①] 但是，自我的控制能力对幸福感的体验是明显的。调控能力在意志行动这个系统中起着十分重要的作用，因为控制是控制产生的重要原因之一。所以，通过控制而克服困难达到目标的过程可以提升个体的自我效能感，从而为个体体验到幸福感搭起了一座桥梁。此外，有相当的研究证明特质，尤其是参与个体调控能力的人格特质，与快乐有一定的联系。例如，在西方文化里快乐的人与不快乐的人在人格特质上就有明显的差别，通常认为，快乐的人具有外向性、乐观性、高自尊和内控的特点；不快乐的人则表现为高水平的神经质（Neuroticism）。进一步的证明还发现，遗传因素可能解释诸如神经质和外倾性这些特质的百分之五十的变异。[②] 这说明，特质的确与主观幸福感有一定的联系，不过，在考虑影响幸福的因素有两点需要注意：第一是特质对主观幸福感的影响是以不同文化为基础的；第二是特质并不能对人格进行完整全面的解释，因此特质也不是影响主观幸福感的唯一原因。

　　目标理论认为目标是人格的重要组成，理解人们如何推动、实现他们的目标，才能理解一个人的人格。换言之，人格并非完全由内在的特质决定，外在的环境因素同样重要，正因为如此，决定主观幸福感的因素也可能是与特质不同的但意义同样重大的因素。例如通过目标确立而体验到的情感以及人际因素等。

---

① E. Diener, E. M. Suh, R. Lucas & H. Smith, "Subjective Well – being: Three Decades of Progress", *Psychological Bulletin*, Vol. 125 (1999), pp. 276 – 302; E. Diener, "Subjective Well – being: The Science of Happiness, and a Proposal for a National Index", *American Psychologist*, Vol. 55 (2000), pp. 34 –43.

② J. Paris, *Social Factors in the Personality Disorders: A Biopsychosocial Approach to Etiology and Treatment*, New York: Cambridge University Press, 1996; R. Riemann, A. Angleitner & J. Strelau, "Genetic and Environmental Influences on Personality: a Study of Twins Reared Together Using the Self – and Peer Report NEO – FFI Scales", *Journal of Personality*, Vol. 65 (1997), pp. 449 – 475.

人际可能通过两种途径对主观幸福感产生影响：第一是通过人际的支持达到目标后的快乐感；第二是所谓的自我实现预言（Self‑fulfilling Prophecy）的机制，即个体通过行动达到他人预期的行为确认（Behavioral Confirmation）过程，这一过程中如果个体认同他人的观点，则会修正自己的行为符合他人预期，从而体验到更多的积极情感。但无论是他人支持或是他人确认的过程，这一过程都与目标实现分不开，因而离不开控制的参与。

在意志行动情感与 SWB 情感的相关中，两者的对应关系基本符合对日常情感体验的认识，即同一类型的情感相比，一方高另一高也高，一方低，另一方也低；不同类型的情感相比，一方高则另一方低，反之亦然。但值得注意的是，意志行动的积极情感与消极情感却呈现正相关，这说明，积极情感与消极情感并不向着相反的方向发展，反而有同向发展的趋势。这可能是因为一方面意志行动本来具有一定的难度和克服困难的性质，而伴随这一努力过程不可避免会产生情绪上的紧张和焦虑，但这并不影响个体同时体验到积极的情感；另一方面可能是因为适度的压力正是意志行动顺利完成的必要保证，而消极情感可能是压力所导致的后果之一，因此可能出现意志行动中积极与消极情感相向而行的情况。

同时，意志行动的积极情感并不是鉴别生活满意度的敏感变量。虽然一般意义上认为消极情感体验与积极情感体验呈负相关，但积极情感更能代表快乐的程度，是个体幸福感的信号。① 但显然意志行动的积极情感和消极情感具有和主观幸福感情感不同的指向意义。主观幸福感的体验是与积极情感与消极情感体验的负相关为基础的。但意志行动的积极情感水平高，并不意味着消极情感的水平低，而意志行动的消极情感产生可能与意志行动的压力情境有关，这种情境下产生的消极情感，可

---

① B. L. Fredrickson, "Positive Eemotions", in *Handbook of Positive Psychology*, C. R. Snyder & S. J. Lopez (Eds.), New York: Oxford University Press, 2002, pp. 120 – 134.

能对意志行动的执行产生推动的作用，但却是与幸福感的体验背离的。在这种情况下，幸福感以意志行动的消极情感为指标更能反映两者间的关系。

就困苦因素而言，个体在意志行动中困苦的程度越低，则生活满意度越高，更少地体验到消极情感，反之亦然。但困苦与积极情感有微弱的正相关，困苦高分组在积极情感上的得分也大于低分组，不过差异不大，说明困苦水平对积极情感体验影响并不大，这可能是因为在意志行动中，选择具有一定挑战性和有一定压力意志行动并不与积极情感的体验相冲突。

三、意志行动与意志行动情感

意志行动与主观幸福感的情感关系可能有别于意志行动与在意志行动过程中体验到的情感关系。情感因素作为个体在意志行动中的情绪体验不仅体现在意志行动结果上，更可能在目标确定的起始就参与意志行动的调控作用中。加之情感因素的两个方面积极情感和消极情感并不一定呈现负相关的趋势，因此两者间可能共同作用，形成对意志行动的调适作用，并可能与意志行动形成相互影响的关系。

采用意志行动引出步骤、意志行动提炼步骤以及意志行动评价步骤，形成意志行动基本结构矩阵，在此基础上加入意志行动情感矩阵部分。意志行动情感包括积极情感和消极情感两个因素，积极情感包括爱、希望和快乐三个维度；消极情感包括伤心、生气和沮丧三个维度。

共有大学生被试 757 人参加本部分研究，有效问卷 732 份，其中，女生 374 人，男生 354 人，4 人无性别信息。

从相关分析的结果来看（表 6.31），积极情感与除了控制力和果断性外的目标和调控能力各维度之间具有显著的正相关，与困苦因素的大部分维度之间具有负相关；消极情感与除了重要性以外的目标和调控能力各维度之间具有显著的负相关，与困苦因素的各维度之间具有正相关。

表 6.31　意志行动与意志行动情感的相关矩阵

	重要性	明确性	价值性	可行性	难度	挑战	压力	控制力	坚持性	拼搏性	果断性
爱	.188**	.161**	.131**	.134**	−.150**	.043	.184**	.093	.131**	.214**	.073
快乐	.249**	.257**	.211**	.210**	−.233**	−.060	.063	.220**	.284**	.319**	.170**
希望	.259**	.242**	.168**	.198**	−.106*	.000	.273**	.113*	.136**	.197**	.044
伤心	−.087	−.160**	−.254**	−.292**	.223**	.144**	.523**	−.300**	−.306**	−.219**	−.179**
生气	−.128**	−.218**	−.244**	−.304**	.217**	.164**	.492**	−.281**	−.274**	−.223**	−.173**
沮丧	−.090	−.152**	−.255**	−.316**	.237**	.177**	.564**	−.328**	−.337**	−.219**	−.183**

　　为了考察与积极情感相关的意志行动因素对其的影响程度，并欲将某些因素排除在回归方程之外，故采用逐步回归，筛选对积极情感最有预测力的意志行动因子。对数据进行了 2 个层级的分析。结果见表 6.32。

　　回归分析说明，意志行动可以作为积极情感的有效预测因子，其中目标或目标的重要性和明确对积极情感最有预测效力，即目标的重要性和明确性越强，则个体就越有可能体验到更多的积极情感。

表 6.32　意志行动对积极情感的逐步回归分析摘要

Model	B		Std. Error	Beta	t	Sig.	R	R^2	Adjusted R^2
A1	(Constant)		.559	.816	.685	.494	.269	.072	.070
	目标	.583	.100	.269	5.833	.000			
B1	(Constant)		.781	.813	.960	.337	.258	.066	.064
	重要性	.527	.095	.258	5.573	.000			
B2	(Constant)		.103	.846	.122	.903	.286	.082	.077
	重要性	.363	.112	.177	3.230	.001			
	明确性	.261	.097	.147	2.685	.008			

同样为了考察与消极情感相关的意志行动因素对其的影响程度，采用逐步回归，筛选对消极情感最有预测力的意志行动因子。对数据进行了 2 个层级的分析。结果见表 6.33。

回归分析说明，意志行动可以作为消极情感的有效预测因子，其中压力和可行性对消极情感最有预测效力，即意志行动目标的可行性越强，则体验到消极情感的可能性就越小；而意志行动的压力越大，体验到消极情感的可能性也就越大。

表 6.33 意志行动对消极情感的逐步回归分析摘要

Model	B		Std. Error	Beta	t	Sig.	R	R^2	Adjusted R^2
A1	(Constant)	−.892	.210		−4.239	.000	.449	.202	.200
	困苦	.446	.042	.449	10.493	.000			
A2	(Constant)	1.472	.544		2.706	.007	.490	.241	.237
	困苦	.407	.042	.410	9.622	.000			
	目标	−.270	.058	−.200	−4.693	.000			
B1	(Constant)	−.201	.112		−1.795	.073	.584	.341	.340
	压力	.420	.028	.584	15.013	.000			
B2	(Constant)	2.012	.348		5.781	.000	.635	.403	.400
	压力	.395	.027	.550	14.669	.000			
	可行性	−.267	.040	−.250	−6.680	.000			

意志行动的目标因素皆可预测意志行动的积极情感和消极情感，这说明，积极情感与指向目标的行动相联系，消极的情感则与背离目标的行动相联系。因此，情感因素也反映了意志行动目标的设立和达成程度。

总的来看，目标能够预测意志行动的情感，但同样是目标因素，对积极情感和消极情感有预测力的维度却不相同。从目标因素影响积极情感来说，如果目标的重要性强且明确性高，则个体体验到积极情感的可能性就大；反过来，积极情感也可以扩展人们的注意范围，使人们更加注意更广泛的物理和社会环境，这就使得人们更容易接受新的观点，在行为上更愿意进行尝试，从而为建立更好的关系和展现更高的效率提供机会，[1] 这样积极情感也有助于改善目标的设定和调控的力度。从目标影响消极情感来看，目标维度对其的影响却是目标的可行性，这就是说，消极情感也并非是意志行动简单的负性反应，消极情感是意志行动偏离目标行动的一种情绪反应，它的出现说明了行为可能出现的问题，因而有助于个体进行防御性的认知思考，进而帮助个体做出恰当的决定。此外，目标的不同维度分别对积极情感和消极情感产生不同的预测力，这种情况有可能使积极情感与消极情感相伴而生，即当意志行动的目标重要性强、明确性高时可能体验到积极情感，但同时目标的可行性较低而体验到消极情感。

对困苦因素来说，由于意志行动总要涉及克服困难的过程，压力和困难总是存在的，由压力所产生的消极情感也是不可避免的。意志行动的压力越大，消极情感出现的可能性就越大。从目标与情感的关系来说，虽然总体上目标有助于减少消极情感，但目标的重要性和明确的增强可能对消除消极情感无益，因此消极情感的减少并不完全依赖于积极情感的加强。也就是说，当意志行动压力过大而导致消极情感过高时，解决这一问题的关键可能在于调整意志行动的可行性，从而为加强调控能力提供必要的条件。

四、意志行动与幸福感的关系

幸福的人总会有积极的情感体验，因此意志行动的情感因素与生活

---

[1] A. M. Isen, "Positive Affect and Decision Making", in *Handbook of Emotions*, M. Lewis & J. Haviland – Jones (Eds.), 2nd ed., New York: Guilford, 2000, pp. 417 – 435.

满意度的情感因素呈现显著正相关。就意志行动而言，对意志行动的积极情感体验有助于预期目的的达到，但不一定就能够达到。情感体验是幸福感的必要条件，但不是充分条件。因此，个体在体验到生活满意度时，可能不是以自信或自尊为标准的，而是以结果为标准的。换言之，个人对自己生存或活动的结果现状的态度，决定了个体是否有幸福感，在意志行动中，这个现状就表现为对意志行动的调控状态。需要注意的是，结果现状在这里指的是个体目标行动下的结果状况，而非个体所处的物质生活水平。国内外的研究都表明，物质生活水平的提高并不一定会增强人们的主观幸福感，[①] 这说明单纯考虑现状，不把现状与奋斗目标结合起来，现状预测幸福感的效力也是不可靠的。

个人计划最初的理论构想是要建立一个社会生态的人格模型，这个模型将人的幸福感作为其考察的重要标准，因为就每个人来说，是否感到幸福是他们最关心的一个核心问题。个人计划的理论认为在这个社会生态模型下，个体处在一个生物、环境、社会和文化的大系统中，必须要将影响这个系统中的各种分散，但主要是冲突的事件整合起来，使其协调一致，从而才能在系统中实现平衡。个人计划的制定和实施就是个体实现这一目的的一种方法。个体如何实施、建构和操作其个人计划不仅反映了个体自身的人格和能力，同时也反映了个体所依赖的环境因素。因此，分析个人计划就为人格研究提供了另一种思路。

对个人计划与幸福感的关系分析就是这种理论假设的一个运用。该理论认为，个人计划对个体幸福感的增强起着关键的作用。当控制影响人们的个人计划的外部因素（例如生物、文化因素）后，可以通过对个体计划系统的内部干预来达到改变和促进个体幸福感的目的，这在实际中是可操作的。因此，个人计划的理论假设当个体的个人计划体系在

① D. G. Myers, "He Funds, Friends and Faith of Happy People", *American Psychologist*, Vol. 55 (2000), pp. 56 – 57; 王二平：《基于公众态度调查的社会预警系统》，《中国科学院院刊》2006 年第 2 期。

其维度上呈现出意义明确、结构良好、受人支持、压力较小和体现效能时，他们的幸福感会有所增强。同时，在个人计划中体现这些特征的个体，也要比那些在个人计划维度上意义模糊、结构混乱、孤立无援、压力过度和效能低下的个体更为幸福。相关研究也证明了这一假设。①

个人计划维度与幸福感的关系十分密切，尤其是在幸福感增强的情况下，各维度均成为了预测幸福感的指标。这是因为每个人的个人计划包含了一个从细微到宏观的巨大系统，这个系统中的计划与个体的日常生活事件性质上十分相似，计划与计划之间本身不具有主观的组织性，但在系统中却隐性地体现了个体潜在的整合计划的人格特征，因此它的结构是潜在的。意志行动则不然，它在个人计划的基础上的一次精炼，是对个人计划系统的一次主动建构，这个建构就是确立选择何种方式来克服困难、实现目标的过程。意志行动不是无需努力就能完成的生活事件，因此，在与幸福感相联系时，目标和调控能力都十分重要。

可以看到，正因为意志行动是一个区别于日常生活事件的克服困难而努力实现目标的心理过程，因此一个幸福的人的个人计划的压力越小越好，但在意志行动中，困苦却与幸福感和其他健全人格变量相关不显著。这说明意志行动本身就需要一定困苦的条件。这种困苦条件可能是完成意志行动的压力，也可能是意志行动所具有的挑战性。因此，个体在意志行动上表现为目标合理、调控能力强而困苦水平适度，则其幸福感也可能倾向更强。

意志行动与健全人格的关系研究说明，意志行动与自尊、自信、自立和自强关系密切，意志行动的过程有利于增强个体的自尊和自信水平，有利于自立的实现，同时意志行动也指向自强过程。因此，意志行动对健全人格的养成有积极的推动作用。

---

① C. H Christiansen, C. Backman, B. Little & A. Nguyen, "Occupation and Subject Well – being: A Study of Personal projects", *American Journal of Occupational Therapy*, Vol. 54 (1999), pp. 25 – 34.

　　我们的研究也发现，意志行动的维度差异对幸福感有影响作用，因此可以通过改善意志行动的维度作为干预幸福感水平的一个重要策略。即当个体在意志行动上表现为目标合理、明确、可行，调控能力强而困苦水平适度时，个体的幸福感会有所增强。

第七章

意志培养

　　前面几章的分析为回答为什么要培养意志以及如何培养意志建立了基础。意志培养是一个被普遍讨论的问题。尽管对意志培养的探讨不乏真知灼见，但意志培养离不开意志行动却已成共识。将意志培养与意志行动联系起来，一则有利于意志培养的具体化和可操作性，二则有利于对意志培养的效果进行观察、反馈和评价。从意志行动的出发来培养和锻炼意志，主要应从制定目标、克服困难和养成良好的习惯这几个方面来进行。

　　面对困难或逆境不退缩而勇于拼搏的人，往往表现为坚韧的人格或具有坚强的意志，他们也是人们追求的楷模和学习的模样。但现实中人们对意志和困难的关系描述常常夸大了困难被克服的程度。在我们的研究中，大学生被试所列举的能够体现意志精神的大都是名人或英雄，例如张海迪、邱少云、海伦·凯勒等。然而，英雄或名人的意志精神特点虽然典型，但能够达到他们那种境界的人毕竟是少数。因此英雄典型一方面虽然具有榜样的作用，但另一方面可能会与普通人产生距离感，让人觉得不可逾越而产生退缩心理。事实上，意志行动的研究表明，首先，困难是不可避免的，因为意志行动常常伴随在我们日常生活的左右；其次，困难是可以克服的，困难能否被克服，取决于所要克服的困难是否与意志行动的目标一致，取决于对意志行动的调控能力，如果与困难联系的目标合理而调控能力强，则困难被克服的可能性就会大大增加。最后，克服困难也是一个循序渐进的过程，因此要从生活中小的意志行动做起，逐渐形成自己的意志行动目标系统，最后达到自我完善和自我实现。

第一节 目标与意志

意志的锻炼和培养，是一个确立目标并付诸实施的过程。明确目标是意志行动的第一步，因此制定由小至大、由近至远的符合自己特点的人生和学习目标是意志行动的基础。在意志的锻炼过程中，必然会遇到各种各样的阻碍目标实现的困难和障碍，需要付出努力和代价，并以此和原有的习惯形成造成冲突，因此克服不良习惯实际是意志努力的体现。意志培养同时又是一个自我控制、自我管理的过程，如何调节和管理时间，从而更好地实现目标，则在一定程度上反映了个体对自己行为的控制能力。

有一则寓言，说的是一家磨坊里有一匹马和一头驴子，马在外面拉东西，驴子在屋里推磨。有一天，马决定独自外出闯荡世界，长长见识，便邀请驴子一起出走。驴子不愿意外出担惊受怕，一口回绝了马的邀请。几年后，这匹马游学归来，重到磨坊会见驴子朋友。老马谈起这次旅途的丰富经历，令驴子大为惊异和羡慕。驴子感叹老马有这么丰富的见闻，老马回答说，"事实上我们俩走过的路的距离是差不多的，只是我的目标是外面广阔的世界，并且我能为之坚持不懈地前进，而你却满足于整天围着磨盘转圈，所以不能走出这个狭隘的天地。"这个故事说明，人生有一个明确的奋斗目标，才能增长见识，取得成功。

古今中外事业有成的名人，也都是胸有大志、志向高远的人。汉代董仲舒立志致学，整日把自己关在书房里，专心读书。他废寝忘食，孜孜不倦读书学习，以至于三年都没有时间到书房旁的花园去观赏一眼，董仲舒如此专心致志地钻研学问，使他成为西汉著名的思想家。唐朝著名的三藏法师玄奘苦学佛法，为了求取佛经原文，万里跋涉，西行取经，终于到达印度，历时十七年，写成了《大唐西域记》。北宋司马光为了早起学习，用圆木头做了一个警枕，早上一翻身，头滑落在床板上，自然惊醒，此后他坚持不懈，最后写出了《资治通鉴》。明朝徐霞客志在天下，少年即立下了"大丈夫当朝碧海而暮苍梧"的旅行大志，30 多年游历中国的名山大川，最后撰成的 60 万字的《徐霞客游记》。俄国著名的化学家罗蒙诺索夫小时候家境贫寒，为了从有钱人家借到几本糊墙的旧书，毅然答应了别人让他在坟地里过夜的刁难要求，克服了恐惧的心理，实现了自己读书的愿望。德国伟大的作曲家贝多芬在双耳失聪后，仍然不愿放弃自己对音乐的追求，他以顽强不息的精神继续音乐的创作，最终创作出不朽的名作《命运交响曲》。法国著名作家巴尔扎克中学毕业后违背父母希望他从事法律工作的愿望，立志在文学领域有所建树，为此他饱受贫穷、饥饿、债务和孤独的困扰，但他始终没有放弃对文学的追求，最后写成了一部部经典巨著。

　　目标是意志行动的起点，没有目标，意志就没有施展能力的空间，就缺少内在的推动力，因此目标与一个人的动机有很大的关系。行为动机的缺乏或动机水平过低，往往表现为目标过于模糊、太不现实或太遥远，这意味着未来的可能难以转化为现实的可能。Bandura 曾在一次研究中证明了目标的动机性特点，他发现在做作业的过程中，没有为自己设定作业目标的人，无论在努力程度和最后的作业完成的效果来看，都不如设定了目标的人。这说明目标对行动具有较强的指向和推动作用。

　　目标同时与努力程度也有联系，努力拼搏、刻苦坚持这些意志品质，无不是建立在明确的目标的基础之上的。只有目标确定了，我们的人生和学习才有奋斗的方向，我们才愿意为此付出辛苦和努力，意志的力量才能得以体现，意志行动也才可能最后实现。如果我们做事没有一个目标，我们的行动就像无头苍蝇一样到处乱撞，即使看起来可能忙忙碌碌，到最后也会一事无成。

　　从前面的理论分析和实证研究看来，意志培养的基础也在于有一个明确的行动目标，它是行动得以实现的基本保证。在生活中我们常常发现，很多无所事事，碌碌无为的人，其共同点就是缺乏生活或事业的目标；而那有小有成就、有过成功体验的人，往往在其人生道路上或多或少为自己设定了明确的目标。同样，一个生活散漫而人生没有追求的人，一旦他找到了目标，意志就会改变方向去寻找实现它的方法，从而改变他的态度和行为。

一、如何确立目标

很明显，目标在意志行动的实现过程中起着非常大的作用。那么，应该如何确定自己的人生和学习目标呢？

首先，目标应该具体而明确。行动能够实现，与目标是否明确有很大的关系。一般来说，小的目标比大的目标容易实现，明确的目标比模糊的目标容易实现。这是因为明确的目标比一般的意向能够起到更好的导向作用。例如，对于那些不满意自己体重的人来说，他们都有希望体重减轻的愿望或想法，这就是一种模糊的目标，它很难使人清楚自己最终的目标状态，因此也就无法在具体的行动中指导行动朝向这一目标迈进，假如将目标定为"每月减轻一公斤体重"，则目标的清晰度更为明确，制定者也更容易为实现这一目标而努力。

其次，目标应该可行，能够实现。目标明确固然重要，但目标制定应当与自己的能力和现实情况结合起来，不可好高骛远，制定那些超越自身能力，不切现实的目标。目标可行的涵义是，一方面，目标制订需要通过努力才能实现，这样才能体现意志的能动作用，不经努力就可实现的目标无法达到锻炼意志的目的；另一方面，又不可制订那些看似非常有意义但自己无法实现的目标。有一种在街上经常可以看到的套圈游戏，可以很好地说明目标可行性的道理：游戏者花钱购买为数不等的塑料小圈，然后站一条线外，用小圈去套线内的摆放的价值不等的各种物品。这些物品摆放的位置距离游戏者有远有近，离游戏者越近的物品价值越小，越远的物品价值越大。最近的物品无疑最容易得手，但几乎没有人愿意为之，因为即使全部套中连购买套圈的钱都无法收回；选择最远的物品价值最高，但几乎没有套中的可能，同样不能引起多数人的兴

趣。最佳的选择是中间那些东西，因为它既能够体现一定的价值，同时
通过一定的努力又有可能实现。这个套圈的游戏很好地说明了选择合适
可行目标的重要性，因此，将上街购物，每天洗头等行动作为锻炼意志
的行动目标没有多大的意义；而对一个基础相对薄弱，能力有限的学生
来说，把自己考大学的目标定为世界或国内一流大学也是不可行的。

二、如何管理目标

目标确立以后，还要善于管理自己设定的目标，这方面应该注意两
个问题：

第一，善于处理目标的冲突与矛盾。

明确的目标比模糊的目标好，单个的目标又要比多个目标容易实
现。但现实生活中意志行动所体现出的目标状态往往不是单一的，多种
目标的存在常常伴随着冲突和矛盾。第一种为目标的双趋冲突，即两个
目标都想实现，但只能选择其一。这种情况如同孟子所说："鱼，我所
欲也，熊掌，亦我所欲也，二者不可得兼，舍鱼而取熊掌者也。生，亦
我所欲也，义，亦我所欲也，二者不可得兼，舍生而取义者也。"这是
在生活中最为常见的一种目标冲突，例如，世界杯足球赛总在 6 月底开
始举行，而这段时间正好又是学校期末考试复习的宝贵时间，喜欢足球
的同学既想观看球赛，又想认真复习准备考试，由此产生了目标冲突。
第二种为双避冲突，即同时面临两个具有威胁性和不利性的都想躲避的
目标，但也只能选择其一，这是一种左右为难的困境。例如，对非正义
战争一方的士兵来说，一方面他深感战斗之疲劳、危险及战争的非正义
性，总想从战场脱逃，另一方面又怕被抓后受到严厉的处罚，由此产生
双避冲突。第三种是趋避矛盾，即在追求一个目标同时产生喜好和厌恶
的两种不同的情感。例如，大学毕业生在报考公务员选择职位时，非常
想报考热门且收入、待遇丰厚的岗位，但这些岗位竞争激烈，他又十分
担心自己考不上。第四种是多重趋避矛盾，即一个人面对两个或两个以

上的目标，而每个目标又分别具有趋避两方面的作用。

解决意志行动中的目标冲突和矛盾的方法是通过衡量两个目标的轻重后做出决策，并根据行动结果进行评估。因此，决策在目标冲突中起着十分重要的作用。在双趋或双避冲突中，只需在自己追求的目标或客体间进行选择即可，在这种情况下，决策较为容易。在趋避矛盾和多重趋避矛盾中，做出决策则较困难，这是因为追求同一目标兼有性质相反的两种情感，在趋向具有吸引力的目标时，同时也产生了回避的结果，此时，冲突较为深刻，而决策也就更困难。多重趋避矛盾的情况就更为复杂了，由于需要考虑多种目标中的不同情感，决策就显得更加困难。当一个或多个目标同时具有不同情感取向时，通常可采用情感相互补偿的方法进行决策，即权衡利弊，利大于弊时趋之，弊大于利时避之。

第二，要将长远的目标与近期的目标结合起来。

意志培养过程中行动目标的确立应当明确、可行，这说明人们选择目标时更看重那些具有挑战性，而不是轻而易举就能达到的目标，而且设定了更高的目标后，人们会更加努力，最后的成就也可能更高。目标的这种挑战性是相对目标制定者本身而说的，其挑战性的程度也是在不断变化的过程中的。这就是说，意志行动中的目标确立也应当遵循一个循序渐进的过程，即一个人可以有大而长远的目标，但应当从小的近期的目标做起，逐步实现最终的目标。

将长远目标与近期目标结合的方法是将一个长远目标转化为几个近期的下属目标。长远目标转化为近期目标后，一方面减小了目标实现的难度，增强了行动的动机；另一方面使长远目标的实现变得更为可能。例如，一个数学基础差，平时考试常不及格，同是又对数学不感兴趣的学生，突然要求他期末考试达到 80 分的目标，这很难实现。但如果将这一目标转化为期一年的逐步提高成绩的几个小的目标，使他慢慢体验到进步的感受，增强其学习的兴趣和信心，最终实现考试 80 分的目标是可能的。又如，很多人在减肥时都有很大的目标，有时候恨不得一天就瘦下几十斤来，但这种愿望通过健康的减肥是不可能达到。所以与其幻想在短期内完全瘦身，不如制定一个半年或一年的减肥计划，将最终希望减轻的体重分解到每周、每个月，一步一步慢慢实现自己最后的目标。

第二节　克服困难与意志

有了目标，并不等于能够实现目标。因此确定目标并不是意志行动的全部，将实现目标付诸实施，才能最终体现意志的力量。在目标实现这一环节中最能体现意志力量的就是持之以恒的克服困难的决心和毅力。

《后汉书·列女传》中有这样一个故事：战国时期，有个叫乐羊子的人想要干一番大事业，于是他决定远出访师求学。但过了一年之后他就回到家中，他的妻子问他为何只学了一年就回来了，乐羊子回答说是因为思家了。于是他的妻子拿起一把剪刀走到织布机跟前对他说："这些丝织品都是从蚕茧中生出，又在织机上织成。一根丝一根丝的积累起来，才达到一寸长，一寸一寸地积累，才能成丈成匹。现在如果割断这些正在织着的丝织品，那就会前功尽弃，荒废时光。积累学问，道理也是如此，如果中途就回来了，那同切断这丝织品又有什么不同呢？"乐羊子被他妻子的话感动了，重又外出求学，直到七年后学有所成才回家。"乐羊子妻"的故事生动地说明了只有坚持不懈地追求目标才能取得最后成功的道理。

前面提到，目标是实现意志行动的总的要求，这一目标最后能否实现，关键在于能否坚持执行自己预先设计的计划。也就是说，如果能将时间安排得更合理、能够更有效地运用时间，意志行动的实现就更有把握。我们都知道龟兔赛跑的故事，乌龟之所以能够战胜兔子，率先到达终点，既不是因为乌龟比兔子跑得快，也不是兔子没有明确的目标，而是因为两者在计划的安排、时间的管理上有明显的不同。乌龟按照既定的安排，一步一步踏实地向目标迈进，而兔子却肆意懒散，浪费了大好的光阴，因而离自己的目标越来越远。从这个意义上说，意志的克服困难和坚持的作用，主要体现在个体对实现目标的时间管理的有效性上。

一、制定详细的计划

时间的安排和管理应当建立在制定明确目标的基础上。没有明确的目标，时间安排得再紧凑，工作再努力，最后可能是南辕北辙，要么就是看似每天忙得团团转，其实不知道在做些什么。因此，时间安排要以目标为中心，其实质就是为更加有效地实现目标制定计划。

在制定计划的过程，要将计划的行为具体内容、计划开始的初始情况、具体的分目标以及行为执行结果的处置进行周密的安排。例如，有一位同学身体不太好，他想通过锻炼来提高自己的身体素质，为了实现这个目标他制定一个身体锻炼的计划。这个计划包括以下内容：

（1）具体内容：跑步、打篮球或打羽毛球；有同伴时打篮球或羽毛球，没有同伴时跑步。特殊情况可允许一天不锻炼，但不得连续两天不锻炼，同时锻炼时间应达到规定周时数。锻炼计划持续时间为一年。

（2）计划的初始情况：目前平均每天锻炼时间为 20 分钟，即每周大约锻炼两个多小时。

（3）每周目标：第一周锻炼时间应大于初始情况，每天锻炼 30 分钟，达到周锻炼时间 210 分钟的目标；第二周每天锻炼 40 分钟，周锻炼 280 分钟；第三周每天锻炼 50 分钟，周锻炼 350 分钟；第四周每天锻炼一个小时，周锻炼 7 小时。最终目标为每天锻炼一个半小时，周锻炼 10 小时左右。

（4）行动结果的处置：每天达到目标则自我奖励一次，例如听音乐半小时，晚餐时另加一个自己喜欢的菜等；周目标完成后则奖励自己看一场电影或买一本自己喜欢的休闲书等。没有完成目标则不给自己奖励。

通过制定详细的计划，实际上是把总的目标分解成了一个个小的目标，这样使得实现总的目标更为具体、可操作，实施起来的难度也可以控制。因此，制定计划既有利于目标实现的进度把握，又有利于保证实现目标的最终效果，起到激发意志、培养意志的作用。

二、自我监控

制定了详细的计划，目标不一定能够实现，因为在计划付诸实际的过程中会遇到许多困难和障碍。这些困难和障碍可能来自客观现实，也可能是主观的懈怠。如果对遇到的困难置之不理，或听之任之，那么要么是计划无法实现，要么是结果达不到预期的效果。因此，及时了解和掌握计划实施过程中出现的问题，并有针对性地提出解决问题的方法和策略，是顺利实现目标的有效途径。

自我监控就是要在执行计划的过程中，对计划执行的情况进行自我分析、自我指导、自我强化的主动控制过程。例如，在制定某一学习计划时，一般会预计学习时间，选择自己认为有效的方法来解决学习问题。如果在学习某一数学问题时遇到不懂的地方，应该怎么办呢？可以慢慢再把问题审视一遍；也可以寻找其他线索，如图、表或其他类似的问题等来帮助理解，也可以复习一下与这一问题有关的已经学过的内容。这意味着你要学会如何了解你什么地方不懂，以及如何根据变化的情况去修正你自己的思想和行为。这些对自己行为的反思就是自我监控的表现。

一般来说，自我监控有三种基本的策略：

第一是领会监控，就是在计划执行时头脑里有一个领会的目标。例如在阅读一篇文章时要领会的目标是要了解作者的写作背景或概括文章的大意等，于是，在阅读这篇文章时会采取针对这种目标的策略。如果理解了作者的写作背景或能够概括出文章的大意，就会因目标实现而体验到一种满意感；相反，如果没有达到目标，则会产生一种挫折感。在这一过程中，能够运用领会监控策略的人会对目标是否实现进行评估，如果目标没有达到，就会想其他办法来实现目标，例如重新阅读文章或是通过查找资料加强理解从而实现目标。

第二是注意集中策略，就是将有限的精力和能量集中在一件事情上。集中注意要求做事专心致志，不受其他诱惑和刺激的干扰。注意力集中，可使目标能够更快、更有效地完成，并且能够更为容易地克服那些在注意力不集中时难以克服的困难。例如艰苦的环境、饥饿的状态往往会影响到人们正常的生活，但对一个专注于自己目标的人来说，他会暂时忽略这些困难，直至有所收获为止。

第三是调节策略，就是在计划执行过程中根据不同的情况调整执行计划的目标、时间和方法。例如，在制订学习目标后，发现一个目标在规定时间内不能完成，于是对休闲的时间进行调整，增加完成目标的时间；在阅读文章时遇到不理解的内容时，返回去读那些困难的部分，同时放慢阅读速度；学习新课前及时搞清学过的但不懂的课程材料；考试时遵循先易后难的顺序做题等。这些调节策略能够帮助人们根据变化的情况及时调整其行为，从而弥补在理解和能力上的不足，为更加有效地实现目标创造条件。

三、避免拖沓和浪费时间

善于管理时间需要注意的另一点是避免做事拖沓而浪费时间。拖沓就是该做的事情没有及时完成的延迟行为。例如一位办公人员虽然桌面上有成堆的文件等待处理，但却成天做着聊天、听音乐等与此无关的事情；一位大学生临近毕业，需要提交毕业论文，但每天仍然上网玩游戏。拖沓在学习和日常生活中十分常见，有研究发现，无论对于普通的成人而言，还是在校的学生，报告有拖沓习惯的人不在少数。例如撰写报告时的拖沓，每周阅读文章的拖沓，准备考试拖沓以及上课拖沓等。[①] 拖沓行为本身就是意志行动不能顺利完成的表现，它与被阻碍的意志有密切

---

① W. McCown & J. Johnson, "Personality and Chronic Procrastination by University Students during an Academic Examination Period", *Personality & Individual Differences*, Vol. 12 (1991), pp. 413 – 415.

的关系，因此克服拖沓的习惯也是培养意志的一种方法和手段。

拖沓习惯可以分为工作－学业型拖沓习惯和日常生活型的拖沓习惯。这两种类型的拖沓习惯在刺激特点和行为结果上都不太一样，前者面临的目标的挑战性比较大，需要投入较多的时间和努力才能完成，且不能完成目标的后果较为严重；而后者相对而言没有时间限制，也不需要付出长时间的艰苦努力，其后果也不如前者的严重。但是，对个人而言，拖沓的出现更有可能同时表现为两种类型，也就是说，在工作－学业型上有拖沓习惯的人，在日常生活中也有可能有拖沓的习惯。

克服拖沓的习惯要分析拖沓形成的具体原因。如果拖沓习惯是由认知因素引起的，拖沓者往往伴有情绪困扰以及自我挫败的行为模式，而这些行为模式起因于诸如"自我贬损""低挫折忍受力"以及"强烈敌意"这样的非理性观念。因此，可以通过分析、辩论等手段来改变这些非理性的观念，从而形成更加准确、具有适应性和以事实为基础的观念。此外，还可以通过以朋友或同事的换位思考的方法来分析自己的观念，这是因为旁观者往往比当事者更能客观地分析一个人的处境。

如果拖沓是因为缺乏时间观念，改变这一习惯除了以上提到的目标管理方法外，还可以根据具体情况对计划执行的时间安排进行及时调整。应该坚持做到每天的计划按时完成，并且在制定计划时不预备过多的时间，例如写一篇文章一个月能够完成，就不要预留两个月，过多的时间安排反而会使工作效率降低。

第三节　习惯与意志

目标制定、计划实施及时间管理这些过程中体现的意志特点，就是在养成克服困难的良好习惯。但与意志背离的不良习惯，不仅不利于目标的实现，反而会阻碍意志行动，是意志培养和锻炼必须要克服的不利因素。因为很多意志软弱的现象，背后就有不良习惯的牵制。

培根在"论天性"中曾经这样对习惯的作用进行描述：

"如果说个人的习惯只是把一个人变成了机械，使他的生活仿佛由习惯所驱动，那么社会的习惯，却具有一种更可怕的力量。例如印度教徒，为了遵守宗教的惯例，竟可安静地卧于柴堆上，然后引火焚身。而他的妻子也宁愿心甘情愿地与他一起跳入火坑。古代的斯巴达青年，在习惯风俗的压力下，每年都要跪在神坛上承受笞刑，以锻炼吃苦的耐力。我记得在伊丽莎白女王时代的初期，曾有一个被判死刑的爱尔兰人，请求绞死他时用荆条而不用绳索——因为这是他们本族的习惯。在俄国据说有一种赎罪的习惯，要人在凉水里成夜浸泡，直到被冰冻上为止。诸如此类的事例是太多了，由此即可以看出习惯对人的行为有多么大的控制力。"①

不良习惯的产生和形成有一个较长的过程，因此消除不良习惯需要付出较大的努力、克服较大的困难，因此通过克服不良习惯可以很好地锻炼意志。前面提到，意志不能发挥其作用时主要有两种不同的表现：一类是正常行动不能出现，即被阻碍的意志，也就是不能坚持做自己认为应该想做的行动；另一种是反常的行动无法抑制，称之为爆发性意志，即不能克制自己认为不应该做的行动。前者如想要减肥但无法坚持每天运动数小时；后者如减肥时想要克制每天吃甜食的习惯但却无法抵御美食的诱惑。可见，意志行动实际是推进力量和抑制力量之间的平衡，被阻碍的意志和爆发性意志就是这两种相反力量之间平衡的不健康结果。这也就是说，意志行动一方面表现为为实现目标坚持某种行为，另一方面又表现为克制某种行为，坚持与克制相辅相成，互为条件。例如，要实现英语过级考试的目标，这是一个坚持花时间在练习听力、阅读和写作练习的过程，同时又一个牺牲看电影、玩游戏、逛街等娱乐活动时间的过程。

因此，消除已经形成的不良习惯实际是通过意志的力量来克制和调节自己的行为。对于已经养成些不良的习惯的人来说，克服不良的习惯

---

① ［英］培根：《人性的探索——培根随笔全集》，何新译，黑龙江人民出版社 1989 年版，第 142 页。

既有益于健康、可以形成新的好的习惯，同时也锻炼了自己的意志。

一、不良习惯的表现

人们生活中的许多行为是由习惯养成的，习惯是一种固定的行为倾向，它是在不断的行为重复中逐渐形成的。习惯的养成是从有意识的行为到不自觉行为的转化，因此习惯的养成也有意志的参与。虽然习惯的养成对于人的适应环境是不可或缺的，但并非所有的习惯都有利于个体或社会的发展，一些习惯或者有害于个体的身心健康，或者有悖于社会的道德，因此需消除这些不良的习惯，以实现个体和社会的良性发展。

那么，如何判断良好的习惯和不良的习惯呢？

首先可以从习惯是否符合道德规范来判断。例如 Carl Hilty[1] 列出的十四项培养良好习惯的重要原则，主要可以分成五大类：（1）道德、（2）责任、（3）切实、（4）无私欲、（5）爱人。其次可从适应与不适应的角度来判断。例如，Watson[2] 提出了四大适应不良的习惯：（1）隐藏自卑，如夸大自己的优点；（2）易于听信献媚的逸言，如爱听好话；（3）争强好胜，如对比自己强的人吹毛求疵；（4）婴儿期的发展滞后，如儿童时期的行为发展并没有跟上其实际年龄。因此到了上小学的年纪，仍然保持含着奶嘴的习惯。因此，这些不良的习惯的反面，也可视作良好习惯，即勇于面对自己的短点；不听信献媚的逸言；淡泊名利，养成与年龄相符合的习惯。第三可以从是否有利于自己和他人来判断。习惯的好坏有时也被当作心理健康水平的一个指标，因此临床心理学中有时会为具有一些不良习惯的患者提供帮助。为了避免引起负面想法与不舒服感受，临床心理学工作者以"利己习惯"和"不利己习惯"

---

[1]　C. Hill, *Happiness : Essays on the Meaning of Life*, New York: Macmillan. 1903, pp. 45 – 60.

[2]　J. B. Watson, *Psychology from the Standpoint of a Behaviorist*, Philadelphia: Lippencott, 1919, pp. 270 – 318.

来称谓良好习惯和不良习惯。利己习惯的判准包括：A. 给习惯拥有者带来快乐；B. 能解决习惯拥有者当前的问题；C. 习惯拥有者不会因拥有代表该习惯的解决当前问题方法而将来导致新问题，因而得不偿失；D. 给有关他人带来快乐；E. 能助于解决有关他人所面临的当前问题；F. 不会给有关他人将来带来新问题。不利己习惯的判准包括：A. 给习惯拥有者带来痛苦、不快乐；B. 不能帮助习惯拥有者解决当前所欲的苦难或问题；C. 会给习惯拥有者惹来新问题；D. 会给有关他人带来不快乐或痛苦；E. 不会帮助有关他人解决其当前问题；F. 会给有关他人惹来新问题。

此外，利己和不利己习惯还可以通过一些诸如"习惯利己性评分表"的测量工具进行更为客观的量化计算。通过对习惯可能造成之结果情况作好处、坏处的评估来比较好处与坏处的差异，如果好处大于坏处，则为利己习惯；反之，则为不利己习惯。[①]

总之，从意志培养和锻炼的角度上说，那些符合社会道德规范、有助于提高适应水平以及对自己和他人有利的习惯也是符合我们文化的价值观的。

二、如何消除不良习惯

从上面的分析可以看到，不良习惯涉及的面很广泛，不同的人、不同的时间、不同的背景，不良习惯的表现是不一样。但无论是哪种不良的习惯，坚强的毅力都可以使改变成为可能。如果我们从认识上觉得需要革除某种不良习惯，并愿意不断付出努力来改变它，坚持下去就会锻炼一个人的意志力。

在行为主义心理学看来，习惯的形成就是行为的一种学习过程，它是经过刺激与反应重复不断地联结而强化的结果，强化的次数愈多，习

---

① 柯永河：《习惯心理学——写在晤谈椅上四十年之后（理论篇）》，张老师文化事业股份有限公司 1994 年版，第 305 页。

惯反应强度愈强。这说明，习惯可以通过刺激与反应的联结而形成，也可以消退。因此，可以运用学习的原理来改变不良的习惯。

第一是及时反馈。反馈可以增加正确反应行为发生的次数，也可以减少不良反应行为发生的频率。我们可以从这一个例子来看看反馈的作用：设想一个人被一块布蒙住双眼向远处的一个靶子投掷标枪，由于无法知道投出的标枪离靶子有多远，因此无论他投掷了多少次标枪，也不能提高其投中靶子的成绩，他的第一次投掷和第一千次投掷的效果没有什么差别，都是一种盲目的行为。但如果拿掉这块布，使其能够看见远处的目标，那么经过无数次练习之后，他的投掷成绩总的来说是不断提高的。在这里，通过看见目标而获知反馈的信息能够对投掷的结果进行有效的评估，从而对投掷的准确性起到了至关重要的校正作用。因此，及时反馈有助于更清楚地了解与目标的差距，侦察自己是否不断达到预期的目标，从而增加希望的行为发生的次数，即不断地投掷标枪。如果行为得不到反馈，就好像投掷标枪不知道什么结果一样，反复几次后投掷标枪的兴趣就会戛然而止。

行为反馈的形式很多。玩电脑游戏时画面的反应和信息的变化是一种反馈；如果你想学习一种乐器或唱歌、学习外语或准备演讲，把自己唱歌、演奏乐器、读外语或演讲的声音录下来分析是一种反馈；练习打球时把训练过程录下来研究也是一种反馈。相对而言，自我记录则是一种更为简单但却较为实用的反馈方法，也就是记录对所设定的目标的反应频率。例如，想要坚持每天跑步半个小时，就用一个小本子对每天跑步的次数和时间进行记录，这样，你对自己每天是否完成既定的目标就有一个非常清楚的认识，这种反馈会在一定程度上敦促和监督你是否按时完成了你的计划。

如果想要通过这种方法来改变不良的习惯，例如吸烟、喝酒、说脏话、长时间上网等，做法是：首先设定自己想要达到的目标（逐渐克服某种不良的习惯），然后每天记录下这种习惯发生的时间、次数以及其他量化指标。观察自己的不良行为是否随着时间的推移而逐渐减少，以此准确地监控自己的行为变化。如果没有减少，则要更努力地控制自己的行为；如果有所减少，则要求自己在此基础上有更明显的改变和进步。

第二是改变行为方式。不良习惯之所以能够形成，与不良习惯的强化是有关系的。也就是说，强化能够成为不良习惯的原因。例如，有一个少年养成了吸烟的习惯并不是因为对尼古丁的依赖，而是因为这种行为能够让人觉得他与众不同，因此同伴的白眼、老师的批评不仅不能改变他吸烟的行为，反而会强化这一行为，使他感到某种成就感。但如果发现这个少年有较好的运动天赋，打篮球是一好手，则可以训练他成为一名出色的篮球队员，使他在球场上展现才能，获得他人的赞许和认同。这样，少年的打球的行为同样受到了他人的关注，他的这一行为也由此得到了强化，吸烟的行为就会由此中止。

因此，如果能够使某种不同的反应来代替不良习惯而同样能够起到强化的效果，则不良习惯就可以改变。又如，有的人说话一张嘴就语出惊人，常常引得别人的注意，但又经常口无遮拦，专挑他人的缺点，出口伤人，这样往往伤害了别人的自尊心。如果想要改变自己的这种习惯，可以在说话时从批评、讽刺他人的缺点转而赞扬和恭维别人的优点，这样既能够继续引起别人的注意而获得强化，同时也可以消除令人生厌的对他人的讽刺挖苦行为。

第三是远离强化物。强化物是那些引起行为重复出现的诱惑。例如学生上课时主动回答老师的提问，老师对其进行表扬即是一种强化，这会增强该学生在老师下次提问时主动回答问题的频率。移走或避开那些引起不良习惯的强化物，则可以有效地降低、推迟或削除它们的强化作用，从而改变不良的习惯。例如，寝室既是一个学习的地方，也是一个休息的地方。某同学在寝室学习时喜欢把电脑打开，渐渐养成了一学习就玩电脑的习惯。电脑开着，就无法集中注意力学习，结果是玩电脑强化了休息行为，玩电脑的时间越来越长，学习时间越来越短。为了改变这种不良的习惯，这位同学选择到没有电脑的图书馆或教室去学习，从而避免了电脑的影响，逐渐改变了边玩电脑边学习的习惯。

第四是消除刺激。人的行为不仅受到内部需要的推动（例如饿了就要吃饭，渴了就会喝水），而且也会受到外部刺激的诱惑。因此，有的时候，即使没有内部的需要，物质的诱惑力也会激发行为。例如你已经吃饱了，但看见自己喜欢的零食还是忍不住想吃几口。不良习惯也是如此：一看见香烟就忍不住要抽几口，一看见酒就忍不住要喝几口，烟和酒就是具有诱惑力的刺激，这些刺激对不良习惯的消除是一个个的巨大的隐患，需要将其排除。例如，某人想要戒烟，采用消除刺激的方法时，他需要将身边与香烟有关的所有东西都拿走，包括烟灰缸、打火机、火柴以及香烟等。然后，他需要控制自己的吸烟的行为，开始的时候只允许自己在单位或家里的特定区域吸烟（例如在单位的走廊、家里的卫生间），并规定每天吸烟的数量，接着限制自己只有家里吸烟，单位不吸，最后规定自己只在家里的一个区域吸烟，这样逐渐戒除吸烟的习惯。

第五是系统脱敏法。又称交互抑制法，就是通过向个体呈现由弱到强的刺激来使其逐渐适应这个刺激的过程。有的人在面对某些刺激对象时会产生强烈的焦虑、恐惧的反应，例如怕蛇、怕较大的声响，甚至害怕在公开场合发言等等，系统脱敏法对于克服这些胆怯、懦弱的心理有很大的帮助。例如，某位同学将参加一次全校性的演讲比赛，但他在大庭广众前演讲时总是十分紧张，要消除其紧张和恐惧的情绪，可以先让他在几位好朋友面前进行练习，当这个较低程度的刺激不会再引起他的焦虑和紧张反应时，再让他在全寝室的室友前练习，待他适应之后，可以在全班同学前演讲，经过这样多次的反复，他便不再会对面向全校师生感到焦虑和紧张了，最终他就可以消除这种胆怯、紧张的行为。

以上几个改变不良习惯的方法可以根据具体的情况有针对性地选择运用，也可以多种方法结合使用，这样的效果可能更好。

术语表

爆发性意志　the explosive will

被阻碍的意志　the obstructed will

层级分析　hierarchical analysis

当前关注　current concern

调控能力　control

方格技术　Repertory Grid Techniques

个案与标准化测量结合　conjoint measurement

个人奋斗　personal striving

个人构念　personal construct

个人计划　personal project

个人计划分析　personal project analysis（PPA）

个人行动构念　personal action construct（PAC）

构念　constructs

计划提炼　project refining

坚韧性　hardiness

建构性预设　constructivism

健全人格　full－developed personality

阶梯法　laddering technique

开放式维度　open columns

科学人　person – as – scientist

可能自我　possible selves

控制点　locus of control

困苦　pressure

模块化测量　modular measurement

目标　goal

目标理论　goal theory

内控点　internal locus of control

怕输　kiasu

情境性预设　contextualism

人格与情景交互研究法　person – by – situation approach

上位计划分析　superordinate projects

社会晴雨表模型理论　socimeter model

社会生态学　social ecology

社会指标性　social indicator assessment

神经质　neuroticism

生活任务　life task

生态代表性　ecological representativeness

时间延续性　temporal extension

双趋冲突　approach – approach conflict

特殊维度　ad hoc dimensions

外控点　external locus of control

维度　dimension

系统测量　systemic measurement

下位计划分析　subordinate projects

心理弹性　resilience

行为确认　behavioral confirmation

幸福感　well – being

一致性预设　consiliency

意动心理学　conative psychology

意动性预设　conativity

意志　will; volition

意志力　willpower

意志行动　volitional action

引出计划　project elicitation

责任性　conscientiousness

执行功能　executive function

直接应用性　directly applicable measurement

中等水平测量　middle – level measurement

主观幸福感　subjective well – being

专家人　man – as – specialist

自立　self – independence

自强　self – strengthening

自我价值感　self – worth

自我控制　self – control

自我评价　self – evaluation

自我实现预言　self – fulfilling prophecy

自我效能　self – efficacy

自我心理学　self psychology

自我意识　self – awareness

自我增强　self – enhancement

自信　self – confidence

自尊　self – esteem

综合测量性　integrative measureme

健全人格　full – developed personality

参考文献

中文文献

［德］康德：《未来形而上学导论》，庞景仁译，商务印书馆 1978 年版。

［德］尼采：《权力意志》，张念东、凌素心译，商务印书馆 1991 年版。

［德］叔本华：《作为意志和表象的世界》，石冲白译，商务印书馆 1982 年版。

［美］W.詹姆士：《心理学原理（选译）》，唐钺译，商务印书馆 1963 年第 1 版。

［美］汉娜·阿伦特：《精神生活·意志》，姜志辉译，江苏教育出版社 2006 年版。

［美］珀文：《人格科学》，周榕等译，华东师范大学出版社 2001 年版。

［苏］彼得罗夫斯基：《普通心理学》，龚浩然等译，人民教育出版社 1991 年版。

［意］蒙台梭利：《幼儿教育科学方法》，任代文主译校，人民教育出版社 1993 年版。

［英］罗素：《西方哲学史》（上、下），何兆武、李约瑟、马元德

译，商务印书馆 1981 年版。

［英］洛克：《政府论》，叶启芳、瞿菊农译，商务印书馆 2004 年版。

［英］培根：《人性的探索——培要随笔全集》，何新译，黑龙江人民出版社 1989 年版。

《辞源》（第二册），商务印书馆 1979 年版。

《汉语大词典》，汉语大词典出版社 1993 年版。

《现代汉语词典》，商务印书馆 1983 年第 2 版。

《心理学百科全书》（上卷），浙江教育出版社 1994 年版。

《张氏心理学辞典》，东华书局 1992 年版。

《哲学大辞典》，上海辞书出版社 2001 年版。

A. 普尼：《意志理论的某些问题及运动中的意志训练》，载［苏］A. B. 彼得罗夫斯基主编：《心理学文选》，人民教育出版社 1986 年版。

柏拉图：《柏拉图全集》（第二卷），王晓超译，人民出版社 2003 年版。

曹日昌主编：《普通心理学》，人民教育出版社 1987 年版。

高玉祥等：《心理学》，北京师范大学出版社 1985 年版。

侯杰泰、温忠麟、成子娟：《结构方程模型及其应用》，教育科学出版社 2004 年版。

黄希庭：《心理学导论》，人民教育出版社 2007 年版。

黄希庭主编：《简明心理学辞典》，安徽人民出版社 2004 年版。

柯永河：《习惯心理学——写在晤谈椅上四十年之后（理论篇）》，张老师文化事业股份有限公司 1995 年版。

林崇德、杨治良、黄希庭主编：《心理学大辞典》（下），上海教育出版社 2003 年版。

伍棠棣等主编：《心理学》，人民教育出版社 2003 年版。

燕国材：《新编普通心理学概论》，东方出版中心 1998 年版。

叶奕乾：《普通心理学》（修订本），华东师范大学出版社 1996 年版。

朱智贤主编：《心理学大辞典》，北京师范大学出版社 1989 年版。

毕重增、黄希庭：《中国文化中自信人格的内涵和功能》，《心理科学进展》2007 年第 2 期。

陈永进、黄希庭：《未来时间洞察力的目标作用》，《心理科学》2005 年第 5 期。

黄希庭、杨雄：《青年学生自我价值感量表的编制》，《心理科学》1998 年第 4 期。

黄希庭：《压力、应对与幸福进取者》，《西南师范大学学报（人文社会科学版）》2006 年第 3 期。

黄希庭：《再谈人格研究的中国化》，《西南师范大学学报（人文社会科学版）》2004 年第 6 期。

李永胜：《论意志》，《理论学刊》2000 年第 1 期。

梁承谋、付全、程勇民、于晶：《BTL – YZ – 1.1 高级运动员意志量表的研制及运用》，《武汉体育学院学报》2005 年第 12 期。

汪宏、窦刚、黄希庭：《大学生自我价值感与主观幸福感的关系研究》，《心理科学》2006 年第 3 期。

王二平：《基于公众态度调查的社会预警系统》，《中国科学院院刊》2006 年第 2 期。

温忠麟、侯杰泰、马什赫伯特：《结构方程模型检验：拟合指数与卡方准则》，《心理学报》2004 年第 2 期。

夏凌翔、黄希庭：《典型自立者人格特征初探》，《心理科学》2004 年第 5 期。

夏凌翔、黄希庭：《自立、自主、独立特征的语义分析》，《心理科学》2007 年第 2 期。

夏凌翔：《自立、自强特征的对比研究》，《心理科学》2005 年第 6 期。

徐维东、吴明证、邱扶东：《自尊与主观幸福感关系研究》，《心理科学》2005 年第 3 期。

严标宾、郑雪、邱林：《大学生主观幸福感的影响因素研究》，《华南师范大学学报（自然科学版）》2003 年第 2 期。

杨荣华：《意志研究的缺陷及对策》，《西南民族学院学报（哲学社会科学版）》2002 年第 12 期。

张明仓：《深化意志论研究的合理思路》，《哲学动态》2000 年第 8 期。

张明仓：《实践意志论的基本特征及其在哲学史中的变革意义》，《宁夏社会科学》2001 年第 4 期。

郑剑虹、黄希庭：《自强意识的初步调查研究》，心理科学 2004 年第 3 期。

朱永新：《中国古代学者论志意本质》，《心理学报》1996 年第 2 期。

毕重增：《自信人格理论的建构》，西南大学博士学位论文，2006 年。

刘丽婷：《中文版儿童意志量表信效度的探讨》，台湾大学硕士学位论文，2004 年。

王轶楠：《为大我争面子：探究中国人的自我增强》，中山大学博士学位论文，2006 年。

夏凌翔：《青少年学生自立人格的理论与实证研究》，西南大学博士学位论文，2006 年。

杨明山：《中文版意志量表之信度与效度研究》，台湾大学硕士学位论文，2007 年。

英文文献

Ach, N., *Analyse des Willens (The Analysis of Willing)*, Berlin, Germany: Urban & Schwarzenberg, 1935.

Andersen, S., Kielhofner, G. & Lai, J. S., "An Examination of the Measurement Properties of the Pediatric Volitional Questionnaire", *Physical &*

Occupational Therapy in Pediatrics, Vol. 25 (2005).

Aristotle, *On the Soul*, with an English Translation by W. S. Hett, Cambridge, Massachusetts: Harvard University Press, 1964.

Aron, E. N. & Norman, C. , "The Self Expansion Model of Motivation and Cognition in Close Relationships and Beyond", in *Blackwell Handbook in Social Psychology*, G. J. O. Fletcher & M. Clark (Eds.), Vol. 2: Interpersonal Processes, Oxford, UK: Blackwell, 2001.

Augustine, *"On the Free Choice of the Will, on Grace and Free Choice, and Other Writings"*, with an English Translation by Peter King, Cambridge: Cambridge University Press, 2010.

Baars, B. J. , *The Cognitive Revolution in Psychology*, NY: Guilford Press, 1986.

Baars, B. J. , "How Does a Serial, Integrated and Very Limited Stream of Consciousness Emerge Out of a Nervous System That is Mostly Unconscious, Distributed, and of Enormous Capacity?" in *CIBA Symposium on Experimental and Theoretical Studies of Consciousness*, G. R. Brock & J. Marsh (Eds.), London: Wiley, 1993.

Baars, B. J. , *A Cognitive Theory of Consciousness*, New York: Cambridge University Press, 1988.

Banaji, M. R. & Prentice, D. A. , "The Self in Social Context", *Annual Reviews of Psychology*, Vol. 45 (1994).

Bandura, A. & Cervone, D. , "Self – evaluative and Self – efficacy Mechanisms Governing the Motivational Effects of Goal Systems", *Journal of Personality and Social Psychology*, Vol. 45 (1983).

Bandura, A. , "Self – regulation of Motivation and Action through Internal Standards and Goal Systems", in *Goals Concepts in Personality and Social Psychology* , L. A. Pervin (Ed.), Hillsdale, NJ: Erlbaum, 1989.

Bandura, A. , *Self – efficacy: The Exercise of Control*, New York: W. H. Freeman, 1997.

Barrick, M. R. , Mount, M. K. & Strauss, J. P. , "Conscientiousness and Performance of Sales Representatives: Test of the Mediating Effects of Goal Setting", *Journal of Applied Psychology*, Vol. 78(1993).

Baumeister, R. F. & Vohs, K. D. , "Self – regulation and the Executive Function of the Self", in *Handbook of Self and Identity*, M. R. Leary & J. P. Tangney (Eds.), New York: Guilford, 2003.

Baumeister, R. F. , Heatherton, T. F. & Tice, D. M. , *Losing Control: How and Why People Fail at Self – Regulation*, San Diego , CA : Academic Press, 1994.

Beck, P. , *Personal Projects: An Empirical Investigation of Complex Action*, Heidelberg: Roland Asanger Verlag, 1996, p. 75.

Block, J. & Block, J. H. , "The Role of Ego Control and Ego Resiliency in the Organization of Behavior", in *Development of Coition, Affect, and Social Relations*, W. A. Collins (Ed.), Hillsdale. NJ: Lawrence Erlbaum Associates, 1980.

Bridges, L. J. , "Autonomy as an Element of Developmental Well – Being", in *Well – Being: Positive Development Across the Life Course*, M. H. Bornstein, L. Davidson, C. L. M. Keyes & K. A. Moore (Eds.), Mahwah, NJ: Lawrence Erlbaum Associates, 2003.

Brockner, J. , "Low Self – esteem and Behavioral Plasticity: Some Implications for Personality. and Social Psychology", in *Review of Personality and Social Psychology*, L. Wheeler (Ed.), (Vol. 4), Beverly Hills, CA: Sage, 1984.

Burke, J. P. , "A Clinical Perspective on Motivation: Pawn Versus Origin", *American Journal of Occupational Therapy*, Vol. 31, No. 4(1977).

Cantor, N. & Langston, C. A. , "Ups and Downs of Life Ttasks in a Life Transition", in *Goal Concepts in Personality and Social Psychology*, L. A. Pervin (Ed.) Hillsdale, NJ: Erlbaum, 1989.

Cantor, N. , "From Thought to Behavior: "Having" and "Doing" in the Study of Personality and Cognition", *American Psychologist*, Vol. 45 (1990).

Cantor, N. , Norem, J. K. , Niedenthal, P. M. , Langston, C. A. & Brower, A. M. , "Life Tasks, Self – concept Ideals, and Cognitive Strategies in a Life Transition", *Journal of Personality and Social Psychology*, No. 53 (1986).

Cantor, N. , Norem, J. K. , Niedenthal, P. M. , Langston, C. A. & Brower, A. M. , "Life Tasks and Cognitive Strategies in a Life Transition", *Journal of Personality and Social Psychology: Person and Situation Interactions*, Vol. 53 (1987).

Cantor, N. , Norem, J. , Langston, C. , Zirkel, S. , Fleeson, W. & Cook – Flannagan, C. , "Life Tasks and Daily Life Experience", *Journal of Personality*, Vol. 59 (1991).

Carver, C. S. & Scheier, M. F. , *Attention and Self – regulation: A Control – theory Approach to Human Behavior*, New York: Springer – Verlag, 1981.

Carver, C. S. , "Self – awareness", in *Handbook of Self and Identity*, M. R. Leary & J. P. Tangney (Eds.), New York: Guilford, 2003.

Chambers, N. , "*Personal Project Analysis: the Maturation of a Multi – dimensional Methodology*", Carleton University, Ottawa, Canada, unpublished manuscript, 1997.

Christiansen, C. H. , Little, B. R. & Backman, C. , "Personal Projects: A Useful Approach to the Study of Occupation", *American Journal of Occupational Therapy*, Vol. 52 (1998).

Christiansen, C. H. , Backman, C. , Little, B. & Nguyen, A. , "Occupation and Subject Well – being: A Study of Personal Projects", *American Journal of Occupational Therapy*, Vol. 54 (1999).

Chua, C. C. , "Kiasuism is Not All Bad", *The Straits Times*, 1989, June 23, Singapore.

Cooley, C. H. , *Human Nature and Social Order*, New York: Scribner's, 1992.

Cox, W. M. & Klinger, E. , "Systematic Motivational Counseling: The Motivational Structure Questionnaire in Action", in *Handbook of Motivational Counseling: Motivating People for Change*, W. M. Cox & E. Klinger (Eds.), London: Wiley, 2004.

Craft, C. A. , "A Conceptual Model of Feminine Hardiness", *Holistic Nursing Practice*, Vol. 13, No. 3 (1999).

Crocker, J. & Park, L. E. , "Seeking Self – esteem: Construction, Maintenance, and Protection of Self – worth", in *Handbook of Self and Identity*, M. Leary & J. Tangney (Eds.), New York: Guilford, 2003.

Crocker, J. & Park, L. E. , "The Costly Pursuit of Self – esteem", *Psychological Bulletin*, Vol. 130 (2004).

Cross, S. , & Markus, H. , "The Willful Self", *Personality and Social Psychological Bulletin*, Vol. 16 (1990).

Darley, J. M. & Fazio, R. H. , "Expectancy Confirmation Processes Arising in the Social Interaction Sequence", *American Psychologist*, Vol. 35 (1980).

De Neve, K. M. , "Happy as an Extraverted Clam? The Role of Personality for Subjective Well – being", *Current Direction in Psychological Science*, Vol. 8, No. 5 (1999).

Deci, E. L. & Ryan, R. M. , "A Motivational Approach to Self: Integration in Personality", in *Nebraska Symposium on Motivation: Vol. 38. Perspectives on Motivation*, R. Dienstbier (Ed.), Lincoln: University of Nebraska Press, 1991.

Diener, E. , "Assessing Subjective Well – being: Progress and Opportunities", *Social Indicators Research*, Vol. 31 (1994).

Diener, E. , "Subjective Well – being: The Science of Happiness, and a Proposal for a National Index", *American Psychologist*, Vol. 55 (2000).

Diener, E. , Suh, E. M. , Lucas, R. & Smith, H. , "Subjective Well – being: Three Decades of Progress ", *Psychological Bulletin*, Vol. 125 (1999).

Doble, S. , "Intrinsic Motivation and Clinical Practice: The Key to Understanding the Unmotivated Client", *Canadian Journal of Occupational Therapy*, Vol. 55, No. 2 (1988).

Ekman, P. , "Expression and the Nature of Emotion", in *Approaches to Emotion*, K. Scherer & P. Ekman (eds), Hillsdale, NJ: Erlbaum, 1984.

Elliot, A. J. , Sheldon, K. M. & Church, M. A. , "Avoidance Personal Goals and Subjective Well – being", *Personality and Social Psychology Bulletin*, Vol. 23 (1997).

Emmons, R. A. , " Exploring the Relationship between Motives and Traits: The Case of Narcissism", in *Personality Psychology: Recent Trends and Emerging Directions*, D. M. Buss & N. Cantor (Eds.), New York: Springer – Verlag, 1989.

Emmons, R. A. , "The Personal Striving Approach to Personality", in *Goal Concepts in Personality and Social Psychology*, L. A. Pervin (Ed.), Hillsdale, NJ: Erlbaum, 1989.

Emmons, R. A. , "Personal Strivings, Daily Life Events, and Psychological and Physical Well – being", *Journal of Personality*, Vol. 59 (1991).

Emmons, R. A. , "Personal Strivings: an Approach to Personality and Subjective Well – being", *Journal of Personality and Social Psychology*, Vol. 51(1986).

Endler, N. S. & Magnusson, D. , "Toward an Interactional Psychology of Personality", *Psycho – logical Bulletin*, Vol. 83 (1976).

Epstein, S. , "The Stability of Behavior: I. On Predicting Most of the People Much of the Time", *Journal of Personality and Social Psychology*, Vol. 37 (1979).

Epstein, S. , "The Stability of Behavior: II. Implications for Psychological Research", *American Psychologist*, Vol. 35 (1980).

Findley, M. J. & Cooper, H. M. , "Locus of Control and Academic Achievement: A Literature Review", *Journal of Personality and Social Psychology*, Vol. 44 (1983).

Fitch, J. L. & Ravlin, E. C. , "Willpower and Perceived Behavioral Control: Influences on the Intention – behavior Relationship and Post Behavior Attributions", *Social Behavior and Personality*, Vol. 33, No. 2 (2005).

Fitch, J. L. & Ravlin, E. C. , "Willpower and Perceived Behavioral Control: Influences on the Intention – behavior Relationship and Post Behavior Attributions", *Social Behavior and Personality*, Vol. 33, No. 2 (2005).

Florey, L. , "Intrinsic Motivation: The Dynamics of Occupational Therapy Theory", *American Journal of Occupational Therapy*, Vol. 23(1969).

Fredrickson, B. L. & Levenson, R. W. , "Positive Emotions Speed Recovery from the Cardiovascular Sequelae of Negative Emotions", *Cognition and Emotion*, Vol. 12 (1998).

Fredrickson, B. L. , "Positive Emotions", in *Handbook of Positive Psychology*, C. R. Snyder & S. J. Lopez (Eds.), New York: Oxford University Press, 2002.

Fredrickson, B. L. , "What Good are Positive Emotions? ", *Review of General Psychology*, Vol. 2 (1998).

Ganellen, R. J. & Blaney, P. H. , "Hardiness and Social Support as Moderators of the Effects of Life Stress", *Journal of Personality and Social Psychology*, Vol. 47 (1984).

Garmezy, N. , "Resiliency and Vulnerability to Adverse Developmental Outcomes Associated with Poverty", *American Behavioral Scientist*, Vol. 34 (1991).

Garmezy, N. , "Stressors of Childhood", in *Stress, Coping, and Development in Children*, N. Garmezy & M. Butter (Eds.), New York: McGraw Hill, 1983.

Gentry, W. D. & Kobasa, S. C. , "Social and Psychological Resources Mediating Stressillness Relationships in Humans", in *Handbook of Behavioral Medicine*, W. D. Gentry (Ed.), New York: Guilford, 1984.

Harris, M. J. & Rosenthal, R. , "Mediation of Interpersonal Expectancy Effects: 31 Meta – analyses", *Psychological Bulletin*, Vol. 97 (1985).

Hartshorne, H. & May, M. A. , *Studies in the Nature of Character*, New York: Macmillan, 1928.

Heras de las, Geist, C. G. , Kielhofner, R. , G. & Li , Y. , "*The Volitional Questionnaire(Version* 4. 0*)* ", Chicago: Model of Human Occupation Clearinghouse, Department of Cccupational Therapy, College of Applied Health Sciences, University of Illinois at Chicage, 2003.

Hilgard, E. R. , "The Trilogy of Mind: Cognition, Affection, and Conation", *Journal for the History of the Behavioral Sciences*, Vol. 16 (1980).

Hill, C. , *Happiness : Essays on the Meaning of Life*, New York : Macmillan, 1903.

Isen A. M. , "Positive Affect and Decision Making", in *Handbook of E-*

motions, M. Lewis & J. Haviland – Jones (Eds.), 2nd ed. , New York: Guilford, 2000.

Jackson, T. , Weiss, K. E. , Lundquist, J. J. & Soderlind, A. , "Perceptions of Goal – directed Activities of Optimists and Pessimists: a Personal Projects Analysis", *Journal of Psychology*, Vol. 136, No. 5 (2002).

James, W. , *Principles of Psychology*, Cambridge, MA: Harvard University Press, 1983.

James, W. , *Psychology: Brief Course*, New York: Holt, 1892.

Johnson, H. , Glassman, M. , Fiks, K. & Rosen, T. , "Resilient Children: Individual Differences in Developmental Outcome of Children Born to Drug Abusers", *The Journal of Genetic Psychology*, Vol. 151 (1990).

Kadner, K. , "Resilience, Responding to Adversity", *Journal of Psychosocial Nursing*, Vol. 27 (1989).

Kagda, S. , "Totally Opposing Traits", *The Business Times, Executive Lifestyle*, 1993, July 17, Singapore.

Karoly, R. , "Mechanisms of Self – regulation: A Systems View", *Annual Review of Psychology*, Vol. 44 (1993).

Kelly, G. A. , *The Psychology of Personal Constructs* , New York: Norton, 1955.

Kielhofner, G. A. , Model of Human Occupation: *Theory and Application (3rd ed.)*, Baltimore: Lippincott Williams & Wilkins, 2002.

Kimble, G. A. & Perlmutter, L. C. , "The Problem of Vvolition", *Psychological Review*, Vol. 77(1970).

Klinger, E. & Cox, W. M. , "Motivation and the Goal Theory of Current Concerns", in *Handbook of Motivational Counseling*, W. M. Cox and E. Klinger (eds), Chichester, UK: Wiley, 2011.

Klinger, E. , "Consequences of Commitment to and Disengagement from

Incentives", *Psychological Review*, Vol. 82 (1975).

Kluckhohn, C., "Values and Value Orientations in the Theory of Action", in *Toward a General Theory of Action, Parsons*, T. & Ahils, E. A. (Eds), Cambridge: Harvard University Press, 1951.

Kobasa, S. C., "Stressful Life Events, Personality, and Health: an Inquiry into Hardiness", *Personality and Social Psychology*, Vol. 37 (1979).

Krahe, B., *Personality and Social Psychology: Towards a Synthesis*, London: Sage, 1992.

Kuhl, J., "Motivation and Information Processing: a New Look at Ddecision Making, Dynamic Change, and Action Control", in *The Handbook of Motivation and Cognition: Foundations of Social Behavior*, R. M. Sorrentino & E. T. Higgins (Eds.), New York: The Guilford Press, 1986.

Kuhl, J., "Volitional aspects of achievement motivation and learned helplessness: Toward a comprehensive theory of action control", in *Progress in Experimental Personality Research*, B. A. Maher (Ed.), New York: Academic Press, Vol. 13(1984).

Lavallee, L. F. & Campbell, J. D., "Impact of Personal Goals on Self – regulation Processes Elicited by Daily Negative Events", *Journal of Personality and Social Psychology*, Vol. 69 (1995).

Lazarus, R., *Emotion and Adaptation*, New York: Oxford University Press, 1991.

Leary, M. R. & Downs, D. L., "Interpersonal Functions of the Self – esteem Motive: The Self – esteem System as a Sociometer", in *Efficacy, Agency, and Self – esteem*, M. Kernis (Ed.), New York: Plenum, 1995.

Leary, M. R. & Downs, D. L., "Interpersonal Functions of the Self – esteem Motive: The Self – esteem System as a Sociometer", in *Efficacy, Agency, and Self – esteem*, M. Kernis (Ed.), New York: Plenum, 1995.

Leary, M. R. , "The Social and Psychological Importance of Self – es-teem", in *The Social Psychology of Emotional and Behavioral Problems: Inter-faces of Social and Clinical Psychology.* R. M. Kowalski & M. R. Leary (Eds.) , Washington, DC: American Psychological Association, 1999.

Lefcourt, H. M. , *Locus of Control: Current Trends in Theory and Re-search*, Hillsdale, NJ: Lawrence Erlbaum, 1982.

Levesque, C. , Zuehlke , A. N. , L. Stanek, R. & Ryan, R. M. , "Autonomy and Competence in German and American University Students: a Comparative Study Based on Self – determination Theory", *Journal of Educa-tional Psychology*, Vol. 96 (2004).

Lewin, K. , Dembo, T. , Festinger, L. & Sears, P. S. , "Level of Aspi-ration", in *Personality and Behavior Disorders*, J. M. Hunt (Ed.), New York: Ronald, 1944.

Little, B. R. & Chambers, N. C. , "Personal Project Pursuit: On Hu-man Doings and Well – beings", in *Handbook of Motivational Counseling*, W. Miles Cox & Eric Kliogen (Eds.) , John Wiley & Sons, Ltd. , 2004.

Little, B. R. & Ryan, T. J. , "A Social Ecological Model of Develop-ment", in *Childhood and Adolescence in Canada* , K. Ishwaren (Ed.) , To-ronto: McGraw Hill Ryerson, 1979.

Little, B. R. , "Free Traits and Personal Contexts: Expanding a Social Ecological Model of Well – being", in *Person – environment Psychology*, W. B. Walsh, H. H. Craik, & R. Price (Eds.) , New York: Guilford, 2000.

Little, B. R. , "Free Traits, Personal Projects and Idio – tapes: Three Tiers for Personality Research", *Psychological Inquiry*, Vol. 8 (1996).

Little, B. R. , "Free Traits, Personal Projects and Idio – tapes: Three Tiers for Personality Research", *Psychological Inquiry*, Vol. 8 (1996).

Little, B. R. , "Personal Project Pursuit: Dimensions and Dynamics of

Personal Meaning", in *The Human Quest for Meaning: A Handbook of Research and Clinical Applications*, P. T. P. Wong & P. S. Fry (Eds.), Mahwah, NJ: Erlbaum, 1998.

Little, B. R., "Personal Projects Analysis: A New Methodology for Counselling Psychology", *Natcom*, Vol. 13 (1987).

Little, B. R., "Personal Projects Analysis: Trivial Pursuits, Magnificent Obsessions, and the Search for Coherence", in *Personality Psychology: Recent Trends an Emerging Issues*, D. M. Buss, N. Cantor (Eds.), New York: Springer – Verlag, 1989.

Little, B. R., "Personal Projects and the Distributed Self: Aspects of a Conative Psychology", in *Psychological Perspectives on the Self*, J. Suls (Ed.), Vol. 4 , Hillsdale, NJ: Erlbaum, 1993.

Little, B. R., "Personal Projects: A Rationale and Method for Investigation", *Environment and Behavior*, Vol. 15, No. 3 (1983).

Little, B. R., "Persons, Contexts, and Personal Projects: Assumptive Themes of a Methodical Transactionalism", in *Theoretical Perspectives in Environment – Behavior Research*, Wapner et al. (Eds.), New York: Kluwer Academic/Plenum Publishers, 2000.

Little, B. R., "Psychological Man as Scientist, Humanist and Specialist", *Journal of Experimental Research in Personality*, Vol. 6 (1972).

Little, B. R., L. Lecci, & Watkinson, B., "Personality and Personal Projects: Linking Big Five and PAC Units of Analysis", *Journal of Personality*, No. 60 (1992).

Locke, E. A. & Latham, G. P., *A Theory of Goal Setting and Task Performance*, Englewood Cliffs, NJ: Prentice Hall, 1990.

Low, J., "The Concept of Hardiness: A Brief but Critical Commentary", *Journal of Advance Nursing*, Vol. 24(1996).

Maddi, S. R. , "The Personality Construct of Hardiness: Effects on Experiencing Coping and Strain", *Consulting Psychology Journal: Practice and Research*, Vol. 51, No. 2 (1999).

Maddux, E. & Gosselin, T. , "Self – efficacy", in *Handbook of Self and Iidentity*, Leary, R. & Tangney, J. P. (Eds), New York: Guilford Press, 2003.

Magnusson, D. , "Personality Development from an Interactional Perspective", in *Handbook of Personality*, L. Pervin (Ed.), New York: Guilford, 1990.

Markus, H. &Nurius, P. , "Possible Selves", *American Psychologist*, Vol. 41 (1986).

Matsumoto, D. & Lee, M. , "Consciousness, Volition, and the Neuropsychology of Facial Expressions of Emotion", *Consciousness and Cognition*, Vol. 2, No. 3 (1993).

McCown, W, & Johnson, J . , "Personality and Chronic Procrastination by University Students during an Academic Examination Period", *Personality & Individual Differences*, Vol. 12 (1991).

Merriam – Webster' s Collegiate Dictionary (Tenth edition), Springfield: Werriam – Webster Incorporated, 2001.

Mischel, W. , *Continuity and Change in Personality, The American Psychologist*, Vol. 24, No. 11(1969).

Mischel, W. , *Personality and Assessment*, New York: Wiley, 1968.

Moreno, J. L. , *Who Shall Survive?* Washington, DC: Nervous and Mental Disease Publishing Company, 1934.

Mruk, C. , Self – esteem: *Research, Theory and Practice (3rd edition)*, New York: Springer Publishing, 2006.

Myers, D. G. & Diener, E. , "Who is happy?", *Psychological Science*,

Vol. 6(1995).

Myers, D. G. , "he Funds, Friends and Faith of Happy People", *American Psychologist*, Vol. 55 (2000).

Nurmi, J. E. , "Adolescent Development in an Age – graded Context: The Role of Personal Beliefs, Goals and Strategies in Tackling of Developmental Tasks and Standards", *International Journal of Behavioral Development*, Vol. 16 (1993).

Omodei, M. M. & Wearing, A. J. , "Need Satisfaction and Involvement in Personal Projects: Toward an Integrative Model of Ssubjective Well – being", *Journal of Personality and Social Psychology*, Vol. 59 (1990).

Palys, T. S. & Little, B. R. , "Perceived Life Satisfaction and the Organization of Personal Project Systems", *Journal of Personality and Social Psychology*, Vol. 44 (1983).

Paris, J. , *Social Factors in the Personality Disorders: A Biopsychosocial Approach to Etiology and Treatment*, New York: Cambridge University Press, 1996.

Polk, L. V. , "Development and Validation of the Polk Resilience Patterns Scale", *Doctoral Dissertation*, The Catholic University of America, 2000, from: http://proquest. calis. edu. cn.

Reid, T. , "An Essay by Thomas Reid on the Conception of Power", *The Philosophical Quarterly*, Vol. 51, No. 202(2001).

Rhodewalt, F. & Agustsdottier , S. , "On the Relationship of Hardiness to the Type A Behavior Pattern: Perception of Life Events Versus Coping with Life Event", *Journal of Research on Personality*, Vol. 18 (1984).

Rhodewalt, F. & Zone, J. B. , "Appraisal of Life Change, Depression, and Illness in Hardy and Nonhardy Women", *Journal of Personality and Social Psychology*, Vol. 56, No. 1 (1989).

Riemann, R. , Angleitner, A. & Strelau, J. "Genetic and Environmental Influences on Personality: a Study of Twins Reared Together Using the Self – and Peer Report NEO – FFI scales", *Journal of Personality*, Vol. 65 (1997).

Rinn, W. E. , "The Neuropsychology of Facial Expression: A Review of the Neurological and Psychological Mechanisms for Producing Facial Expressions", *Psychological Bulletin*, Vol. 95 (1984).

Rosenberg, M. J. , "A Structural Theory of Attitude Dynamics", *Public Opinion Quarterly*, Vol. 24 (1960).

Rosenberg, M. , *Society and the Adolescent Self – image*, Princeton, NJ: Princeton. University Press, 1965.

Rosenthal, R. & Jacobson, L. F. , "Teachers Expectations for the Disadvantaged", *Scientific American*, Vol. 218 (1968).

Rotter, J. B. , "Generalized Expectancies for Internal Versus External Control of Reinforcement", *Psychological Monographs*, Vol. 80, No. 1 (1966).

Rotter, J. B. , "Generalized Expectations for Internal Versus External Control of Reinforcement", *Psychological Monographs: General and Applied*, Vol. 80, No. 1 (1966).

Rutter, M. , "Psychosocial Resilience and Protective Mechanisms", *American Journal of Orthopsychiatry*, Vol. 57 (1987).

Rutter, M. , "Resilience in the Face of Adversity: Protective Factors and Resistance to Psychiatric Disorder", *British Journal of Psychiatry*, Vol. 147 (1985).

Salmela – Aro, K. & Nurmi, J. , "Depressive Symptoms and Personal Project Appraisals: A Cross – lagged Longitudinal Study", *Personality and Individual Differences*, Vol. 21 (1996).

Salmela – Aro, K. , "Struggling with Self: The Personal Projects of Students Seeking Psychological Counseling", *Scandinavian Journal of Psychology*, Vol. 33 (1992).

Schmied, L. A. , & Lawler, K. A. , "Hardiness, Type A Behavior, and the Stress – illness Relation in Working Women", *Journal of Personality and Social Psychology*, Vol. 51 (1986).

Shepperd, J. A. & H. Kashani, J. , "The Relationship of Hardiness, Gender, and Stress to Health Outcomes in Adolescents", *Journal of Personality*, Vol. 59, No. 4 (1991).

Skirka, N. , "The Relationship of Hardiness, Sense of Coherence, Sports Participation, and Gender to Perceived Stress and Psychological Symptoms Among College Sstudents", *Journal of Sports Medicine and Physical Fitness*, Vol. 40, No. 1 (2000).

Strickland, B. R. , "Internal – external Expectancies and Health – related Behaviors", *Journal of Consulting and Clinical Psychology*, Vol. 46 (1978).

Tangney, J. P. , "Self – relevant Emotions", in *Handbook of Self and Identity*, M. R. Leary & J. P. Tangney (Eds.), New York: Guilford Press, 2003.

Tesser, A. & Martin, L. , "The Psychology of Evaluation", in *Social Psychology: Handbook of Basic Principles*, E. T. Higgins & A. W. Kruglanski (Eds.), New York: Guilford, 1996.

Tesser, A. , "Self – evaluation", in *Handbook of Self and Identity*, M. R. Leary & J. P. Tangney (Eds.), New York: Guilford Press, 2003.

Thomas, J. R. & Jonathan, G. , "Laddering Theory, Method, Analysis, and Interpretation", *Journal of Advertising Research*, Vol. 28, No. 1 (1988).

Thurstone, L. L., *Multiple – Factor Analysis*, Chicago: University of Chicago Press, 1947.

VanBreda, A. D., *"Resilience Theory: A Literature Review"*, 2001, Pretoria, South Africa: South African Military Health Service.

Vessey, G. N. A., "Volition", in *Encyclopedia of Philosophy*, P. Edwards (Ed.) (Vol. 8), New York: Macmillan, 1967.

Watson, J. B., *Psychology from the Standpoint of a Behaviorist*, Philadelphia: Lippencott, 1919.

Werner, E., & Smith, R., *Vulnerable but Invincible: A longitudinal Study of Resilient Youth and Children*, New York: McGraw Hill, 1982.

Werner, E., "Protective Factors and Individual Resilience", in *Handbook of Early Childhood Intervention*, S. Lieiseis & J. Shonkoff (Eds.), New York: Cambridge University Press, 1990.

Werner, E., "Resilient Offspring of Alcoholics: A longitudinal Study from Birth to Age 18", *Journal of Studies on Alcohol*, Vol. 47 (1986).

Wiebe, D. J., "Hardiness and Stress Moderation: A Test of Proposed Mechanisms", *Journal of Personality and Social Psychology*, Vol. 60 (1991).

Williams, P. G., Wiebe, D. J. & Smith, T. W., "Coping Processes as Mediators of the Relationship between Hardiness and Health", *Journal of Behavioral Medicine*, Vol. 15 (1992).

Wolfle, L. M. & Robertshaw, D., "Effects of College Attendance on Locus of Control", *Journal of Personality and Social Psychology*, Vol. 43 (1982).